化学工学の進歩 50

最新
気泡・分散系現象の基礎と応用

（ファインバブル・マイクロカプセル・スラリー・パウダーのハンドリング）

化学工学会　監修

序

　化学工学会が発行する化学工学進歩シリーズは本書の発刊で 50 を数える．化学産業の発展を支えるために，化学工学進歩シリーズでは，初期の書籍から基礎的な理論に加え，急速に進展しつつある最新の研究成果や最新の技術が紹介されている．本書に関連した既刊の化学工学の進歩シリーズを調べると，1969 年に発刊された「化学工学の進歩 3，気泡・液滴工学」が始まりであり，その後の研究成果をまとめた書籍が 1982 年に発刊された「化学工学の進歩 16，気泡・液滴・分散工学 - 基礎と応用-」である．気泡・液滴に関連した進歩シリーズとしては，本書はそれに続くものである．1982 年の進歩シリーズでは，第 1 章を故柘植秀樹先生が執筆を担当されており，Grace の気泡形状の分類を Bhaga が修正した事例が詳しく紹介された．現在でも利用される気泡運動の整理法がその当時の最新の研究成果として紹介されており，歴史的なつながりを感じる．

　科学技術の進歩はめざましく，ファインバブルを利用した技術の産業界への応用が進む中，国際標準化への取り組みが行われている．また，マイクロカプセルを用いた新しい技術が積極的に展開されつつある．高度な各種ファイン系製品から生体系を対象としたスラリーやパウダーのハンドリングの重要性も増しており，食品や化粧品といった学際領域への展開も重要になりつつある．さらに，複雑現象の整理に数値解析が活発に行われている．現象のモデリング，離散化手法の開発や界面追跡手法をはじめとした様々な数値解析技法など，気泡・液滴・微粒子分散系の現象の理解に必要な数値解析手法が開発されつつある．

　本書は，新しい技術を中心に基礎から応用までを解説している．本書が，プロセス設計や装置の選定に活用されれば幸いである．また，今後の研究活動に役立ててれば幸いである．

　最後に，本書の作成にあたり，化学工学会東海支部幹事の方々，化学工学会粒子・流体プロセス部会 気泡・液滴・微粒子分散工学分科会の方々に多大のご援助を賜ったことをここに記し，厚く御礼申し上げる．

2016 年 9 月　　　　　　　名古屋工業大学　生命・応用化学科　岩田修一

執筆者

1. 基礎編

第1章　粘性流体中を上昇する単一気泡・液滴のダイナミクス　太田光浩（徳島大学）

第2章　マイクロカプセル形成における界面ダイナミクスと数値シミュレーション

本間俊司（埼玉大学）

第3章　粒子分散系のレオロジーと分散・塗布・乾燥プロセスへの応用

菰田悦之，鈴木洋（神戸大学）

第4章　ファインバブルの基礎と展望および国際標準化

寺坂宏一（慶應義塾大学），小林大祐（東京電機大学）

2. 基礎〜応用編

第1章　超音波洗浄とキャビテーション　　　　　　安藤景太　（慶應義塾大学）

第2章　資源・環境分野へのファインバブルの応用　　安田啓司　（名古屋大学）

第3章　装置における多相系シミュレーションの実際　島田直樹（住友化学（株））

第4章　粉体・混相流の数値シミュレーションの基礎・応用　酒井幹夫（東京大学）

第5章　気液，固液撹拌の操作・設計手法と実際　　加藤禎人（名古屋工業大学）

第6章　粘弾性流体のレオロジー特性と高粘性流体の脱泡への応用

岩田修一（名古屋工業大学）

第7章　リン脂質ベシクルの生成・分散技術の基礎と実際　　吉本　誠（山口大学）

第8章　微粒子ハンドリングの基礎と評価，最近の展開

白井　孝，藤　正督（名古屋工業大学　）

第9章　化粧品におけるレオロジーとサイコレオロジー　　名畑嘉之　　（花王(株)）

編集委員 （五十音順）

石川 英一（ＪＳＲ（株）），　　岩田 修一（名古屋工業大学），

武田 和宏（静岡大学），　　　廣田 大助（東亞合成（株））

安田 啓司（名古屋大学）

目　次

1.　基礎編

第1章　粘性流体中を上昇する単一気泡・液滴のダイナミクス

1.1　単一気泡・液滴の上昇運動　・・・・・・・・・・・・・　1

1.2　無次元数　・・・・・・・・・・・・・　4

1.3　抵抗係数と揚力係数　・・・・・・・・・・・・・　7

1.4　気泡・液滴上昇運動の初期流動条件依存　・・・・・・・　10

1.5　気液二相流の数値解析　・・・・・・・・・・・・・　11

1.6　気泡・液滴上昇運動の数値解析　・・・・・・・・・・・　13

1.7　気泡上昇運動への初期流動条件依存の数値解析　・・・・・・・　17

1.8　まとめ　・・・・・・・・・・・・・　18

第2章　マイクロカプセル形成における界面ダイナミクスと数値シミュレーション

2.1　マイクロカプセルの形成手法　・・・・・・・・・・・・・　20

2.2　液滴生成における界面のダイナミクス　・・・・・・・・・　22

2.2.1 Dripping-Jetting 遷移　・・・・・・・・・・・・・　24

2.2.2　液滴径の推算　・・・・・・・・・・・・・　25

2.3　数値シミュレーションによる液滴生成条件の検討　・・・・・　26

2.3.1　数値解析法　・・・・・・・・・・・・・　26

2.3.2　計算例　・・・・・・・・・・・・・　28

第3章　粒子分散系のレオロジーと分散・塗布・乾燥プロセスへの応用

3.1　粒子分散液からの薄膜製造技術・・・・・・・・・・・・・　36

3.2　粒子分散系のレオロジー　・・・・・・・・・・・・・　37

3.2.1　粒子分散液の粘度　・・・・・・・・・・・・・　37

3.2.2　粒子分散系の動的粘弾性測定　・・・・・・・・・・・　39

3.3　レオロジーを活用した分散過程解析　・・・・・・・・・・・　40

3.3.1　燃料電池触媒層スラリー分散中の粘度変化　・・・・・・・・　41

iii

3.3.2 リチウムイオン二次電池負極スラリー分散過程の粘弾性解析 ・・・ 43

3.4 塗布時のせん断作用が乾燥に伴う粒子充填過程に及ぼす影響 ・・・ 46

3.4.1 燃料電池触媒膜の構造に対するせん断速度の影響 ・・・・・・・ 46

3.4.2 膜厚変化を利用した乾燥過程解析方法 ・・・・・・・・・・・・ 48

3.4.3 水性塗料の乾燥過程に対する塗布時せん断ひずみの影響 ・・・・ 50

3.4.5 ゲル化粒子分散液の塗布膜乾燥過程 ・・・・・・・・・・・・・ 53

3.5 おわりに ・・・・・・・・・・・・・ 56

第4章 ファインバブルの基礎と展望および国際標準化

4.1 気泡の歴史 ・・・・・・・・・・・・ 58

4.2 ファインバブルの基礎 ・・・・・・・・・・・・ 58

4.3 ファインバブルの発生方法・計測方法 ・・・・・・・・・・・・ 60

4.4 ファインバブルの特徴 ・・・・・・・・・・・・ 62

4.5 ファインバブルの応用 ・・・・・・・・・・・・ 65

4.6 国際標準化 ・・・・・・・・・・・・ 72

4.7 まとめ ・・・・・・・・・・・・ 75

2. 基礎～応用編

第1章 超音波洗浄とキャビテーション

1.1 緒言 ・・・・・・・・・・・・・・・ 77

1.2 超音波の基礎 ・・・・・・・・・・・・・ 79

1.3 超音波キャビテーションの初生 ・・・・・・・・・・・ 82

1.4 キャビテーション気泡の動力学 ・・・・・・・・・・ 84

1.5 結言 ・・・・・・・・・・・・・・・ 92

第2章 資源・環境分野へのファインバブルの応用

2.1 はじめに ・・・・・・・・・・・・ 94

2.2 空気ファインバブルによるエマルションからの油分分離 ・・・・・ 94

iv

| 2.3 | オゾンファインバブルによるメラノイジン含有廃水の脱色 | ・・・・ | 98 |

2.3　オゾンファインバブルによるメラノイジン含有廃水の脱色　・・・・　98

2.4　超音波の併用によるジオキサン含有廃水の分解　・・・・・・・　103

2.5　メタンファインバブルによるハイドレートの形成　・・・・・・・　107

2.6　おわりに　・・・・・・・・・・・・・・・・・　112

第3章　装置における多相系シミュレーションの実際

3.1　はじめに　・・・・・・・・・・・・・・・・　114

3.2　シミュレーションをおこなうにあたって　・・・・・・・・・　114

3.3　流れのシミュレーションの略史　・・・・・・・・・・・　116

3.4　二相流シミュレーションの分類　・・・・・・・・・・・　117

3.5　単相流の計算手法　・・・・・・・・・・・・・　121

3.6　二流体モデル　・・・・・・・・・・・・・・　126

3.7　二流体モデルの計算事例　・・・・・・・・・・・・　134

3.8　おわりに　・・・・・・・・・・・・・・・・　136

第4章　粉体・混相流の数値シミュレーションの基礎・応用

4.1　はじめに　・・・・・・・・・・・・・・・・　139

4.2　化学工学における DEM の歴史　・・・・・・・・・・・　139

4.3　DEM　・・・・・・・・・・・・・・・・・　141

4.4　固気混相流のモデリング　・・・・・・・・・・・・・　145

4.5　固液混相流のモデリング　・・・・・・・・・・・・・　150

4.6　まとめ　・・・・・・・・・・・・・・・・・　154

第5章　気液，固液撹拌の操作・設計手法と実際

5.1　はじめに　・・・・・・・・・・・・・・・・　158

5.2　気液撹拌　・・・・・・・・・・・・・・・・　158

5.2.1　通気撹拌動力　・・・・・・・・・・・・・・・　159

5.2.2　物質移動容量係数　・・・・・・・・・・・・・・　161

5.2.3　気液撹拌における望ましい操作条件　・・・・・・・・・・　162

v

5.3 固液撹拌　・・・・・・・・・・・・・・・・・・・・・　163

5.3.1 所要動力の評価方法　・・・・・・・・・・・・・・・　163

5.3.2 物質移動係数の評価方法　・・・・・・・・・・・・・　163

5.3.3 固液撹拌における望ましい操作条件　・・・・・・・・　166

5.3.4 簡単な粒子浮遊の改善方法　・・・・・・・・・・・・　166

5.4 おわりに　・・・・・・・・・・・・・・・・・・・・・　168

第 6 章　粘弾性流体のレオロジー特性と高粘性流体の脱泡への応用

6.1 粘弾性流体の変わった振る舞い　・・・・・・・・・・・　170

6.2 粘弾性流体のレオロジー測定の方法と粘弾性モデルパラメータの決定法　172

6.3 高粘性流体の脱泡への応用　・・・・・・・・・・・・・　175

6.3.1 試料溶液のレオロジー特性　・・・・・・・・・・・・　177

6.3.2 流動複屈折による気泡近傍の応力測定・・・・・・・・　177

6.3.3 非定常有限要素法による数値解析　・・・・・・・・・　181

6.3.4 流動複屈折法による応力測定結果と数値解析結果との比較　・・・　181

6.4 まとめ　・・・・・・・・・・・・・・・・・・・・・・　183

第 7 章　リン脂質ベシクルの生成・分散技術の基礎と実際

7.1 リン脂質二分子膜ベシクル（リポソーム）とは　・・・・・・・・　186

7.2 リポソーム分散系の調製法　・・・・・・・・・・・・・　187

7.3 脂質二分子膜の透過選択性　・・・・・・・・・・・・・　189

7.4 リポソームの分散性制御　・・・・・・・・・・・・・・　190

7.5 化学反応場としてのリポソーム　・・・・・・・・・・・　196

7.6 リポソーム分散系の応用　・・・・・・・・・・・・・・　200

7.7 おわりに　・・・・・・・・・・・・・・・・・・・・・　202

第 8 章　微粒子ハンドリングの基礎と評価，最近の展開

8.1 はじめに　・・・・・・・・・・・・・・・・・・・・・　205

8.2 無機微粒子の表面状態　・・・・・・・・・・・・・・・　206

8.3 アルミナ微粒子表面のキャラクタリゼーション ・・・・・・・・・ 207

8.4 セラミックススラリーの分散凝集状態の評価 ・・・・・・・ 211

8.5 その場固化観察法の概念と原理 ・・・・・・・・・・・ 213

8.6 まとめ ・・・・・・・・・・・・・ 219

第9章　化粧品におけるレオロジーとサイコレオロジー

レオロジー入門

9.1.1 レオロジーとは ・・・・・・・・・・・ 222

9.1.2 レオロジーの基礎用語 ・・・・・・・・・・ 222

9.1.3 基本的なレオロジーデータと解釈 ・・・・・・・・ 225

9.1.4 レオロジーの応用可能性 ・・・・・・・・・ 228

9.2 構造把握へのレオロジーの応用 ・・・・・・・・ 229

9.2.1 分散質性状の違いとレオロジー特性 ・・・・・・・ 229

9.2.2 αゲルの形状違いの推定 ・・・・・・・・ 233

9.3 感触評価へのレオロジーの応用 ・・・・・・・・・・ 236

9.3.1 はじめに ・・・・・・・・・・・ 236

9.3.2 化粧品の感触とレオロジー ・・・・・・・・・ 236

9.3.3 化粧品の"こくがある"という感触 ・・・・・・・ 238

9.4 おわりに ・・・・・・・・・・・・・ 241

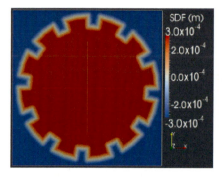 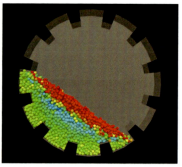

(a) SDF の空間分布 　　　　　(b) DEM シミュレーション

SDF を用いた乾式ボールミルの DEM シミュレーション

（基礎〜応用編　第 4 章　図 4·1 より,（p.143））

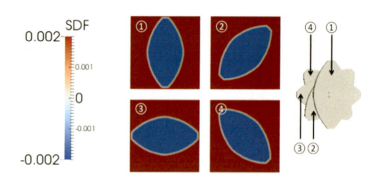

図 4·2　SDF を用いた二軸混練機のパドル

（基礎〜応用編　第 4 章　図 4·2 より（p.144））

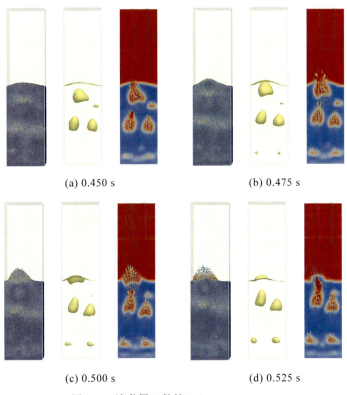

(a) 0.450 s (b) 0.475 s (c) 0.500 s (d) 0.525 s

図 4・4　流動層の数値シミュレーション

(基礎〜応用編　第 4 章　図 4・4 より（p.148））

1. 基礎編

第1章　粘性流体中を上昇する単一気泡・液滴のダイナミクス

　工業装置内で見られる気液二相流れや液々流れは，浮力に起因する気泡/液滴の上昇(下降)運動，気泡/液滴の剪断変形・分裂，気泡/液滴同士の合一，気泡/液滴の不安定分裂など非常に複雑な気泡/液滴の運動過程から構成される複雑流動系である．これらの複雑流動現象を整理し，モデル化をするためには，まず各々の素過程の詳細な解明し，その運動機構を理解する必要がある．本章では，最も基礎的な気泡・液滴の運動過程である単一気泡・液滴の上昇運動に関して講述する．

1.1 単一気泡・液滴の上昇運動

　単一気泡・液滴の上昇(液滴は下降運動も含む)運動に関する研究は，古くから非常に多くの報告がある．1990年前半までは実験による研究が多く，1990年半ばに入ると数値解析による研究も報告され始め，2000年頃から数値解析による研究報告が飛躍的に増える．数値解析による研究の増加は，計算手法の大きな発展とコンピュータの高性能化と低価格化が大きな要因である．また，実験的研究に関しても気泡・液滴運動を測定するための計測技術が高度化し，従来よりも詳細な知見が得られるようになってきた．単一気泡・液滴の上昇運動に関する知見は，固体粒子系や熱物質移動を含む系まで含んで Clift ら[1]の成書「Bubbles, Drops, and Particles (1978)」に良くまとめられており，現在でも十分に役に立つ内容である．単一気泡・液滴の上昇運動に限ると，まず最も重要な知見は気泡・液滴の上昇速度 V であり，これは Reynolds (Re) 数として評価される．Grace ら[2]は，単一気泡・液滴の上昇運動を Re 数，Eötvös (Eo) 数，Morton (M) 数を用いて整理した．Grace らの作成した整理図は Re 数，Eo 数，M 数と気泡・液滴形状の相関図になっており非常に有用である．これらの3つの無次元パラメータは次式で定義される．

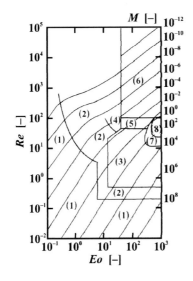

図 1・1 気泡上昇運動の相関図

$$Re = \frac{\rho_S V d}{\mu_S}, \quad Eo = \frac{(\rho_S - \rho_B) g d^2}{\sigma}, \quad M = \frac{(\rho_S - \rho_B) g \mu_S^4}{\rho_S^2 \sigma^3} \tag{1・1}$$

上式において，d：気泡・液滴の球体積相当径，g：重力加速度，μ：粘度，ρ：密度，σ：表面張力 であり，添え字は，B：気泡・液滴，S：周囲流体 を表す．Re 数は慣性力と粘性力の比，Eo 数は密度差に起因した浮力と表面張力の比を表す無次元物理パラメータである．M 数は物性値だけで決まり，粘性力支配の流体系か表面張力の流体系であるかを示す．Eo 数と M 数は気泡・液滴径と物性値だけで決まるので，Eo 数と M 数を求めれば Re 数と気泡・液滴の上昇運動時の形状を相関図から読み取ることができる．ただし，Grace らの気泡・液滴の上昇運動に関する相関図は密度比および粘度比（これに関しては後述する）が厳密に考慮されておらず，十分な相関図とは言えないことが分かっている．

Bhaga と Weber[3]は気泡の上昇運動に絞って Grace らの整理法に基づいた相関図を提出した．図 1・1 に Bhaga と Weber[3]が作成した相関図を示す．また，図 1・2 は Bhaga と Weber[3]が実験的に観察した気泡上昇運動時の形状を相関図上に示

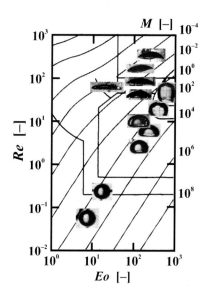

図 1·2 実験的に観察された気泡形状
(文献 3 の Fig.2 および Fig.3 を Cambridge University Press から許可を得て転載)

したものである(許可を得て転載). Bhaga と Weber が作成した相関図は, 気泡形状の境界線が明確に描かれており分かり易い. 上述したように M 数は流体物性だけで決まり, 低 M 数条件の流体は低粘性であるために上昇速度が大きくなる. 一方, 高 M 数条件の流体は高粘性であるため上昇速度は小さくなる. また, 低 Eo 数域では浮力よりも表面張力の影響が大きく, 高 Eo 数域では浮力の影響が表面張力よりも支配的である. 従って, 気泡形状の変形と言う観点からは低 Eo 数域にある気泡は変形は小さく, 高 Eo 数域に行くほど気泡の変形が大きくなる. すなわち, 高 M 数, 低 Eo 数条件の気泡ほど変形はし難い.

例題 1·1 密度 ρ_S = 950 kg/m³, 粘度 μ_S = 9.5×10⁻² Pa·s の溶液中を d = 10.0 mm の単一気泡が上昇運動をしている. 定常状態での気泡の上昇速度 V [m/s]を求めよ. なお, 溶液の表面張力は, σ = 2.0×10⁻² N/m とする.

(解) Eo 数と M 数を求める.

$$Eo = \frac{(\rho_\mathrm{S} - \rho_\mathrm{B})gd^2}{\sigma} \approx \frac{\rho_\mathrm{S}gd^2}{\sigma} = \frac{(950)(9.8)(0.01)^2}{(0.02)} = \frac{(950)(9.8)(0.01)^2}{(0.02)} \approx 47$$

$$M = \frac{(\rho_\mathrm{S} - \rho_\mathrm{B})g\mu_\mathrm{S}^4}{\rho_\mathrm{S}^2\sigma^3} \approx \frac{g\mu_\mathrm{S}^4}{\rho_\mathrm{S}\sigma^3} = \frac{(9.8)(0.095)^4}{(950)(0.02)^3} \approx 0.11$$

図 1・1 において $Eo = 47$ と $M = 0.11$ に対応する Re 数を求めると，$Re = 20$ となる．よって，気泡の上昇速度 V は以下となる．

$$V = Re\frac{\mu_\mathrm{S}}{\rho_\mathrm{S}d} = (20)\frac{(0.02)}{(950)(0.01)} \approx 0.04 \ \mathrm{m/s}$$

気泡は $V = 0.04 \ \mathrm{m/s}$ の速度で上昇し，気泡形状については図 1・1 の形状分類から扁平楕円キャップ形状となる．

1.2 無次元数

　前節で示したように気泡・液滴の上昇運動は，Re 数，Eo 数，M 数により整理されてきた．本節では，気泡・液滴の上昇運動を記述する無次元物理パラメータを理論的に導出する．流動に関わる無次元物理パラメータは，流体運動を記述する支配方程式（Navier-Stokes 式）を無次元化することで得られる．気泡・液滴の上昇運動は二相流れになるため，二相流解析で解かれる 1 流体モデルのNavier-Stokes 式を無次元化する．1 流体モデルの Navier-Stokes 式は次式で表される．

$$\frac{\partial \boldsymbol{u}}{\partial t} + (\boldsymbol{u}\cdot\nabla)\boldsymbol{u} = -\frac{1}{\rho}\nabla p + \frac{\mu}{\rho}\nabla^2\boldsymbol{u} + \boldsymbol{g} - \frac{\sigma\kappa}{\rho}\nabla F \tag{1・2}$$

上式において，

$$\rho = \rho_\mathrm{S}F + \rho_\mathrm{B}(1-F), \quad \mu = \mu_\mathrm{S}F + \mu_\mathrm{B}(1-F) \tag{1・3}$$

である．また，$\boldsymbol{u}$：速度，p：圧力，κ：気液界面の曲率，F：カラー関数 である．カラー関数は流体を識別する関数で代表的なものとして，VOF 関数や Level Set 関数がある（詳細は後述する）．(1・2)式を速度スケール U，長さスケール L，時間スケール $T (= L/U)$ により無次元化する．まず，一般的な無次元化の方法として速度スケール U に気泡・液滴の上昇速度 V，長さスケール L に気泡・液滴の球体積相当径 d を取る．すなわち，無次元速度 $\boldsymbol{u}^* = \boldsymbol{u}/V$，無次元長さ $x^* = x/d$，

無次元時間 $t^* = t/(d/V) = tV/d$，無次元曲率 $\kappa^* = \kappa/(1/d) = d\kappa$ として $(1\cdot2)$ 式を無次元化すると次式が得られる．

$$\frac{\partial \boldsymbol{u}^*}{\partial t^*} + \left(\boldsymbol{u}^* \cdot \nabla\right)\boldsymbol{u}^* = -\frac{1}{\rho^*}\nabla p^* + \left(\frac{\mu^*}{\rho^*}\right)\left(\frac{1}{Re}\right)\nabla^2 \boldsymbol{u}^* + \left(\frac{1}{Fr^2}\right) - \frac{\kappa^*}{\rho^*}\left(\frac{1}{We}\right)\nabla F \qquad (1\cdot4)$$

$$\rho^* = F + \frac{\rho_B}{\rho_S}\left(1-F\right) = F + \lambda\left(1-F\right), \quad \mu^* = F + \frac{\mu_B}{\mu_S}\left(1-F\right) = F + \eta\left(1-F\right) \qquad (1\cdot5)$$

$(1\cdot4)$ 式中の p^* は無次元圧力で $p^* = p/(\rho_S V^2)$ で表される．$(1\cdot4)$ 式および $(1\cdot5)$ 式より Navier-Stokes 式中に無次元物理パラメータとして，Re 数，Froude (Fr) 数，Weber (We) 数，密度比 λ，粘度比 η が表れる．これらの 5 つの無次元パラメータは次式で定義される．

$$Re = \frac{\rho_S V d}{\mu_S}, \quad Fr = \frac{V}{\sqrt{gd}}, \quad We = \frac{\rho_S V^2 d}{\sigma}, \quad \lambda = \frac{\rho_B}{\rho_S}, \quad \eta = \frac{\mu_B}{\mu_S} \qquad (1\cdot6)$$

Fr 数は慣性力と重力の比，We 数は慣性力と表面張力の比を表す．$(1\cdot1)$ 式で示された Eo 数は $Eo = We/Fr^2$，M 数は $M = We^3/(Fr^2 \cdot Re^4)$ の関係があるために，Re 数，Eo 数，M 数による整理の本質は Re 数，Fr 数，We 数による整理の変形であると言える．ただし，ここで独立パラメータとして密度比および粘度比が理論的に導出されることに注意する必要がある．Bhaga と Weber は気泡の上昇運動のみを整理したが，気泡の場合は $\lambda \approx 0$，$\eta \approx 0$ のケースに対応する．液滴の場合は，一般的に密度比は 1 に近いが粘度比の組み合わせは無数ある．Grace らの整理では，独立パラメータとしての粘度比が考慮されていない．粘度比の典型的なパターンとしては $\eta \approx 0$，$\eta \approx 1$，$\eta \approx \infty$ となり，粘度比条件として $\eta \approx 0.01$，$\eta \approx 1$，$\eta \approx 100$ 程度の 3 条件に対して液滴上昇運動を調べる必要がある．ここでは，まず，速度スケールに気泡・液滴の上昇速度を取ったが，気泡・液滴の上昇速度は浮力に起因して決まるために実測しない限り分からない物理量である．したがって，浮力に起因する現象である場合，速度スケールには既知である別のスケールを取る方が望ましい．

気泡・液滴の上昇速度とは異なる別の速度スケール U として，ラプラス速度 $(\sigma g/\rho_S)^{0.25}$ を取る．すなわち，無次元速度 $\boldsymbol{u}^* = \boldsymbol{u}/(\sigma g/\rho_S)^{0.25}$，無次元長さ $x^* = x/d$，無次元時間 $t^* = t(\sigma g/\rho_S)^{0.25}/d$，無次元曲率 $\kappa^* = \kappa/(1/d) = d\kappa$ とし $(1\cdot2)$ 式を整理す

5

ると次式が得られる.

$$\frac{\partial \boldsymbol{u}^*}{\partial t^*} + \left(\boldsymbol{u}^* \cdot \nabla\right)\boldsymbol{u}^* = -\frac{1}{\rho^*}\nabla p^* + \left(\frac{\mu^*}{\rho^*}\right)\left(\frac{Oh}{Ga^{0.5}}\right)^{0.5}\nabla^2 \boldsymbol{u}^* + Eo^{0.5} - \frac{\kappa^*}{\rho^*}\left(\frac{1}{Eo^{0.5}}\right)\nabla F \tag{1·7}$$

$$\rho^* = F + \frac{\rho_\mathrm{B}}{\rho_\mathrm{S}}\left(1-F\right) = F + \lambda\left(1-F\right), \quad \mu^* = F + \frac{\mu_\mathrm{B}}{\mu_\mathrm{S}}\left(1-F\right) = F + \eta\left(1-F\right) \tag{1·8}$$

(1·7) 式中の p^* は無次元圧力で $p^* = p/(\rho_\mathrm{S}\sigma g)^{0.5}$ で表される.(1·7) 式および (1·8) 式より無次元物理パラメータとして,Galileo(Ga) 数,Ohnesorge(Oh) 数,Eo 数,λ,η が表れる.これらの 5 つの無次元パラメータは次式で定義される.

$$Ga = \frac{\rho_\mathrm{S}^2 g d^3}{\mu_\mathrm{S}^2}, \quad Oh = \frac{\mu_\mathrm{S}}{\sqrt{\rho_\mathrm{S}\sigma d}}, \quad Eo = \frac{\rho_\mathrm{S} g d^2}{\sigma}, \quad \lambda = \frac{\rho_\mathrm{B}}{\rho_\mathrm{S}}, \quad \eta = \frac{\mu_\mathrm{B}}{\mu_\mathrm{S}} \tag{1·9}$$

Ga 数は浮力と粘性力の比,Oh 数は粘性力と表面張力の比を表す.Ga 数は $Ga = Re^2/Fr^2$,Oh 数は $Oh = We^{0.5}/Re$ の関係があり,Ga 数,Oh 数,Eo 数の整理では気泡・液滴の上昇速度を必要としない.(1·9) 式における Eo 数は,Grace らが整理に使用した (1·1) 式で定義される Eo 数とは異なった定義になっている.分子の浮力項が (1·9) 式では $\rho_\mathrm{S} g d^2$ となっているのに対し,一方,(1·1) 式では $(\rho_\mathrm{S}-\rho_\mathrm{B})g d^2$ となっている.すなわち,(1·9) 式の形は気泡系 ($\rho_\mathrm{B} \ll \rho_\mathrm{S}$) に対する表現と言える.液々系に拡張するために,速度スケール U として一般化 (修正) ラプラス速度 $(\Delta\rho\sigma g/\rho_\mathrm{S}^2)^{0.25}$ を取る.ここで,$\Delta\rho = \rho_\mathrm{S}-\rho_\mathrm{B}$ である.無次元速度 $\boldsymbol{u}^* = \boldsymbol{u}/(\Delta\rho\sigma g/\rho_\mathrm{S}^2)^{0.25}$,無次元長さ $x^* = x/d$,無次元時間 $t^* = t(\Delta\rho\sigma g/\rho_\mathrm{S}^2)^{0.25}/d$,無次元曲率 $\kappa^* = \kappa/(1/d) = d\kappa$ とし (1·2) 式を整理すると,(1·7) 式と (1·8) 式が得られる.ただし,無次元圧力 p^* は $p^* = p/(\Delta\rho\sigma g)^{0.5}$ となる.また,5 つの無次元パラメータの定義は次式となる.

$$Ga = \frac{\rho_\mathrm{S}\Delta\rho g d^3}{\mu_\mathrm{S}^2}, \quad Oh = \frac{\mu_\mathrm{S}}{\sqrt{\rho_\mathrm{S}\sigma d}}, \quad Eo = \frac{\Delta\rho g d^2}{\sigma}, \quad \lambda = \frac{\rho_\mathrm{B}}{\rho_\mathrm{S}}, \quad \eta = \frac{\mu_\mathrm{B}}{\mu_\mathrm{S}} \tag{1·10}$$

上式から分かるように Ga 数と Eo 数が $\Delta\rho$ を含む定義式となる.$Ga = Re^2/Fr^2$,$Eo = We/Fr^2$ と表されるので,逆算すると修正 Froude(Fr_M) 数を導出できる.

$$Fr_\mathrm{M} = \sqrt{\frac{\rho_\mathrm{S}}{\Delta\rho}}\frac{V}{\sqrt{gd}} \tag{1·11}$$

$M = We^3/(Fr_\mathrm{M}^2 \cdot Re^4) = Eo \cdot Oh^2$ の関係より M 数を計算すると Grace らが整理に使用

した M 数の形式を得ることが出来る.

本節で示したように,気泡・液滴の上昇運動に重要となる無次元物理パラメータは理論的に導出される.ここで導出された無次元物理パラメータは従来から用いられてきたが,注意するべき物理パラメータは密度比および粘度比である.液滴の場合は,密度差と間違えやすいために注意が必要である.

例題 1·2　(1·2)式を無次元化する際に,本節で用いた速度スケール以外にも速度スケールの取り方がある.他に考えられる速度スケールについて考察せよ.

(解)　以下の速度スケールが考えられる.

$$U = \frac{\sigma}{\mu_{\mathrm{S}}}, \quad U = \sqrt{gd}, \quad U = \sqrt{\frac{\sigma}{\rho_{\mathrm{S}}d}} \quad \text{一般化形式}: U = \frac{\Delta\rho}{\rho_{\mathrm{S}}}\frac{\sigma}{\mu_{\mathrm{S}}}, \quad U = \sqrt{\frac{\Delta\rho}{\rho_{\mathrm{S}}}gd}, \quad U = \sqrt{\frac{\Delta\rho\sigma}{\rho_{\mathrm{S}}^2 d}}$$

1.3 抵抗係数と揚力係数

上昇運動中の気泡・液滴に作用する抗力 F_{D} と揚力 F_{L} の評価は,装置スケールでの気液二相流あるいは液々流の流動を予測する上で重要である.図 1·3 に一様剪断流中を運動する単一球形気泡に作用する抗力と揚力の概念図を示す.F_{D} と F_{L} を評価する上で,抗力係数 C_{D} および揚力係数 C_{L} の評価式が必要となるが,一様剪断流中における単一気泡・液滴の運動方程式は C_{D} および C_{L} が含まれた形で次式で表される[4].

$$\left(\rho_{\mathrm{B}} + C_{\mathrm{VM}}\rho_{\mathrm{S}}\right)\frac{dV_{\mathrm{B}}}{dt} = -\frac{C_{\mathrm{D}}\rho_{\mathrm{S}}}{4d}\left|V_{\mathrm{R}}\right|V_{\mathrm{R}} - C_{\mathrm{L}}\rho_{\mathrm{S}}V_{\mathrm{R}} \times \mathrm{rot}V_{\mathrm{S}} + \left(\rho_{\mathrm{S}} - \rho_{\mathrm{B}}\right)\mathbf{g} \tag{1·12}$$

C_{VM} は仮想質量係数であり,ここでは $C_{\mathrm{VM}} = 0.5$ とおける.V_{R} は気泡と周囲流体との相対速度を表す.

これまで,幅広いに流体物性条件や大きな形状変形を伴った気泡・液滴の上昇運動までをカバーする C_{D} および C_{L} の知見の蓄積は十分でない.特に C_{L} の知見およびモデル式に関しては不十分であり,今後,更なる知見の蓄積が必要である.また,気泡・液滴運動を考える上で,溶液の汚染(contamination)は重要な検討項目であり気液界面に汚染物質が吸着して,気泡・液滴の運動に大きな影響を与える.一般的に「清浄系」,「汚染系」の 2 つの系に分けて考えられるが,「汚

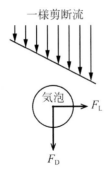

図 1・3　一様剪断流中を運動する単一球形気泡に作用する抗力と揚力

染系」でも汚染の程度が考慮される場合もある．前節までで説明した上昇運動については，「清浄系」を前提にした知見である．

Tomiyama ら[5)]は，$10^{-14} < M < 10^7$，$10^{-3} < Eo < 10^3$，$10^{-3} < Re < 10^5$ の範囲において静止した粘性流体中を上昇する気泡運動に対する C_D の相関式として次式を提案している．

清浄系：

$$C_D = \max\left\{\min\left[\frac{16}{Re}\left(1+0.15Re^{0.687}\right),\ \frac{48}{Re}\right],\ \frac{8}{3}\frac{Eo}{Eo+4}\right\} \quad (1\cdot13)$$

わずかな汚染系：

$$C_D = \max\left\{\min\left[\frac{24}{Re}\left(1+0.15Re^{0.687}\right),\ \frac{72}{Re}\right],\ \frac{8}{3}\frac{Eo}{Eo+4}\right\} \quad (1\cdot14)$$

汚染系：

$$C_D = \max\left\{\frac{24}{Re}\left(1+0.15Re^{0.687}\right),\ \frac{8}{3}\frac{Eo}{Eo+4}\right\} \quad (1\cdot15)$$

また，Myint ら[6)]は，$2.5\times10^{-12} < M < 1.3\times10^{-1}$，$1.7\times10^{-2} < Eo < 12.1$，$1.7\times10^{-1} < Re < 2\times10^2$，$0.1 < \eta < 12.1$ の範囲において静止した粘性流体中を上昇する液滴運動に対する C_D の相関式として次式を提案している．

$$C_D = \frac{8}{Re} \left(\frac{2 + 3\eta + 3C/\mu_S}{1 + \eta + C/\mu_S} \right) \left(1 + 0.15 Re^{0.687} \right) \tag{1·16}$$

ここで，C は界面活性剤(界面汚染物質)による界面運動の遅延を表す係数で，清浄系では $C = 0$，汚染系では $C = \infty$ となる．汚染系では固体粒子の運動に漸近する．液滴系の抵抗係数の知見は十分でなく，大きな Eo 数条件の知見が特に不足している．ただし，液滴の場合，Eo 数が大きな領域では粘度比によっては不安定な運動となり，液滴は分裂・崩壊することが分かっている [7, 8]．

気泡の C_L に関しては，Legendre と Magnaudet[9]は線形剪断流中を上昇する球形気泡の運動の数値解析を行い，半理論的な次式を提出している．

$$C_L = \sqrt{ \left[\frac{6}{\pi^2} \frac{2.255}{\left(Re_R Sr \right)^{1/2} \left(1 + 0.2\, Re_R/Sr \right)^{3/2}} \right]^2 + \left(\frac{1}{2} \frac{1 + 16/Re_R}{1 + 29/Re_R} \right)^2 } \tag{1·17}$$

ここで，上式中の Re_R は気泡 Reynolds 数，Sr は無次元剪断速度であり，次式で定義される．

$$Re_R = \frac{\rho_S |V_R| d}{\mu_S}, \quad Sr = \frac{\alpha d}{|V_R|} \tag{1·18}$$

上式中の α は線形剪断流の速度勾配である．(1·17)式の適応範囲は，$0.1 < Re_R < 500$，$0.0 < Sr < 0.5$ である．

また，Tomiyama ら [4]は $3.2 \times 10^{-6} < M < 1.6 \times 10^{-3}$，$1.39 < Eo < 5.74$，$0.0 < Sr < 8.3$ の範囲で次式の相関式を提案している．

$$C_L = \begin{cases} \min\left[0.288 \tanh\left(0.121 Re \right), f\left(Eo_d \right) \right] & \text{for } Eo_d \leq 4 \\ f\left(Eo_d \right) & \text{for } 4 \leq Eo_d < 10.7 \end{cases} \tag{1·19}$$

(1·19)式の $f(Eo_d)$ は次式で定義される．

$$f\left(Eo_d \right) = 0.00105 Eo_d^3 - 0.0159 Eo_d^2 - 0.0204 Eo_d + 0.474 \tag{1·20}$$

(1·19)式および(1·20)式中の Eo_d は，球体積相当径 d ではなく気泡の最大水平方向長さ d_H によって定義された Eötvös 数である．

液滴に作用する揚力に関しては，小川ら [10]や Ohta ら [11]の研究があるが，液滴

系での C_L の特徴がまだ調べられている程度であり，研究の余地は大きく残されている．粘度比が C_L に影響を及ぼすことが確かめられており，液滴系では η をパラメータとした相関式となる．

例題 1・3　密度 $\rho_S = 950$ kg/m³，粘度 $\mu_S = 9.5 \times 10^{-2}$ Pa・s の溶液中を $d = 10.0$ mm の単一気泡が上昇運動をしている．この気泡に作用する抵抗係数 C_D 求めよ．なお，溶液の表面張力は，$\sigma = 2.0 \times 10^{-2}$ N/m とし，この系は清浄系とする．

（解） Eo 数と M 数を求める．

$$Eo = \frac{(\rho_S - \rho_B)gd^2}{\sigma} \approx \frac{\rho_S g d^2}{\sigma} = \frac{(950)(9.8)(0.01)^2}{(0.02)} = \frac{(950)(9.8)(0.01)^2}{(0.02)} \approx 47$$

$$M = \frac{(\rho_S - \rho_B)g\mu_S^4}{\rho_S^2\sigma^3} \approx \frac{g\mu_S^4}{\rho_S\sigma^3} = \frac{(9.8)(0.095)^4}{(950)(0.02)^3} \approx 0.11$$

図 1・1 において $Eo = 47$ と $M = 0.11$ に対応する Re 数を求めると，$Re = 20$ となる．したがって，(1・12)式を使用して C_D を求めることができる．

$$C_D = \max\left\{\min\left[\frac{16}{Re}\left(1 + 0.15Re^{0.687}\right), \frac{48}{Re}\right], \frac{8}{3}\frac{Eo}{Eo+4}\right\}$$ より，それぞれを計算する．

$$\frac{16}{Re}\left(1 + 0.15Re^{0.687}\right) = \frac{16}{20}\left[1 + 0.15(20)^{0.687}\right] = 1.74, \quad \frac{48}{Re} = \frac{48}{20} - 2.40,$$

$$\frac{8}{3}\frac{Eo}{Eo+4} = \left(\frac{8}{3}\right)\left(\frac{47}{47+4}\right) = 2.46$$ となる．

よって，$C_D = \max\left\{\min[1.74, 2.40], 2.46\right\} = 2.46$ となる．

1.4 気泡・液滴上昇運動の初期流動条件依存

　近年に気泡・液滴上昇運動に関して得られた新しい知見として，気泡上昇運動への初期流動条件の影響がある．Tomiyama ら [12] および Wu と Gharib [13] は，水中を上昇する気泡は生成方法（初期流動条件）に応じて，気泡上昇運動の最終形態が異なることを報告した．図 1・4 は Tomiyama ら [12] の実験結果（許可を得て転載）である．図中の記号「C」は「汚染系」，「P」は「清浄系」を表している．また，記号「SD」は「変形が小」，すなわち変形が小さい気泡を水中に放出したことを意味

10

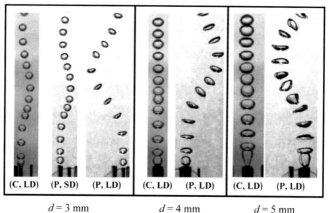

図 1・4　気泡生成条件に依存した気泡の形状と運動軌跡
（文献 12 の Fig.12 を Elsevier から許可を得て転載）

する．また，「LD」は「変形が大」を表しており，大きく変形した気泡を水中に放出したことを意味する．図 1・4 から明かなように「汚染系」と「清浄系」では気泡を放出した後の挙動が全く異なっていることが分かる．また，「清浄系」で大きく変形した気泡を放出すると，左右に振れながらジグザグ軌跡で運動していることが分かる．$d = 3$ mm の「P, LD」場合は，螺旋形の軌跡になることが報告されている．これらの初期流動条件に依存した気泡上昇運動では，最終的に Re 数も初期流動条件に依存することになる．水-空気系は無次元数条件の点からは低 M 数，低 Eo 数条件に対応し，これらの条件域では理論的には運動方程式に多数の解が存在することを意味している．

一方で，液滴の場合，Myint ら[6]は液滴の上昇速度は，液滴の初期変形の大きさに依存しないことを報告している．これは，液滴の粘性により形状振動が減衰することによる．

1.5 気液二相流の数値解析

近年,数値流体力学(CFD)手法を用いた気液二相流解析が活発に行われている.工業装置スケールの気液二相流動を対象とする場合,瞬時・局所的な気液二相流の質量,運動量,エネルギーの保存式を空間的・時間的に平均化した二流体モデルが用いられる.二流体モデルでは,平均化の過程で気液界面の界面構造が失われてしまうために,二相流で最も重要な表面張力を無視した流動現象を巨視的に追跡していることになる.一方で,気液界面での表面張力や気液界面の曲率を考慮してNavier-Stokes式を厳密に解析する方法が大きく発展している.この場合,気液界面の時間発展を追跡する方法論,あるいは気液界面の時間発展を捕獲する方法論が必要となる.これまで様々な方法論が提案されてきたが,その詳細は例えば成書[14)]を参考にして頂きたい.気液界面を伴う流れの解析において最も実績があり成功を収めている方法はVolume-of-Fluid(VOF)法[15)]である.VOF法は,計算セル内の流体の体積割合によって気液二相を数学的に定義するモデルである.計算セル内において着目流体の体積分率を表すVOF関数 F を次式のように定義する.

$$F = 1 \quad \text{流体1の領域}$$
$$F = 0 \quad \text{流体2の領域} \qquad (1 \cdot 21)$$
$$0 < F < 1 \quad \text{界面を含む領域}$$

$F = 1$ の場合,計算セル内を流体1が占有していることを意味し,$F = 0$ では計算セル内を流体2が占有していることを意味する.$0 < F < 1$ の計算セルでは流

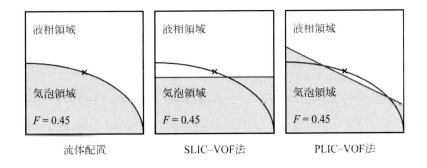

図1・5　VOF法による界面のモデル化

体 1 と流体 2 が存在しており，界面が存在することを意味する．図 1・5 に VOF 法による界面のモデル化の概略を示す．図 1・5 の左図は計算セル内の気液界面の状態で気泡領域の体積分率が 0.45 である．気液界面を有する計算セル内での気液界面形状の数学近似モデルはいくつか存在するが，図 1・5 では代表的な SLIC（Simple Line Interface Calculation）型と PLIC（Picewise Linear Interface Calculation）型が示されている．SLIC 法ではセル内の気液界面は一つの座標に平行な直線で構築されるが，PLIC 法は界面勾配を考慮した直線近似で気液界面が構築される．したがって，PLIC 法は実際の気液界面形状に近い高精度な近似となり，界面の時間発展計算においても，計算セル間における液体輸送を正確に評価することができる．VOF 法による気液二相流に対する支配的方式は，次式の連続の式，Navier-Stokes 式となる．

$$\nabla \cdot \boldsymbol{u} = 0 \tag{1・22}$$

$$\frac{\partial \boldsymbol{u}}{\partial t} + (\boldsymbol{u} \cdot \nabla)\boldsymbol{u} = -\frac{\nabla p}{\rho} + \frac{1}{\rho}\nabla \cdot \left[\mu\left(\nabla \boldsymbol{u} + (\nabla \boldsymbol{u})^{\mathrm{T}}\right) \right] - \frac{\sigma\kappa}{\rho}\nabla F + \boldsymbol{g} \tag{1・23}$$

上式中の密度 ρ および粘度 μ は次式で定義される．

$$\rho = \rho_{\mathrm{S}}(1-F) + \rho_{\mathrm{B}}F, \ \mu = \mu_{\mathrm{S}}(1-F) + \mu_{\mathrm{B}}F \tag{1・24}$$

また，次式の F 関数の時間発展式（保存式）を解く必要がある．

$$\frac{\partial F}{\partial t} + (\boldsymbol{u} \cdot \nabla)F = 0 \tag{1・25}$$

上式を解析するアルゴリズムは，年々，改良がなされており，現在は非常に精度良く解析が可能となっている．

1.6 気泡・液滴上昇運動の数値解析

数値解析例として，Coupled Level-Set and Volume-of-Fluid（CLSVOF）法 [16]による気泡・液滴の上昇運動を紹介する．CLSVOF 法は PLIC-VOF 法の一種であり，VOF 法と Level-Set（LS）法 [17]の長所のみを組み合わせた優れた方法である．距離関数として界面を定義する LS 法を援用して，気液界面を含むセルにおいて VOF 界面の再構築を行う．図 1・6 は，Bhaga と Weber [3]の単一の気泡上昇運動の実験

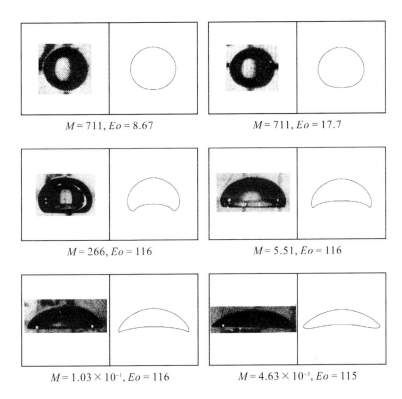

図 1·6　CLSVOF 法による気泡上昇運動の数値解析結果と実験結果との比較
（実験結果については文献 3 の Fig.2 および Fig.3 を Cambridge University Press から許可を得て転載）

結果と CLSVOF 法による 2 次元軸対称での数値解析結果との比較である．低粘性から高粘性までの流体中を上昇する気泡形状の比較となっている．図 1·6 から明らかな様に実験結果と数値解析結果の気泡形状は非常に良く一致する．また，Re 数に関しても最大誤差でも 2%程度で数値解析結果と実験結果はほぼ完全に一致する．

　図 1·7 は広範囲の M 数および Eo 数条件に対して得られた 3 次元数値解析の結果を Bhaga と Weber[3] の整理図にまとめた図である．図 1·1 および図 1·2 と合わせて見ると，数値解析結果は実験結果を良好に再現していることが分かる．

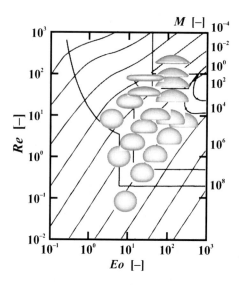

図 1・7　CLVOF 法による気泡上昇運動の数値解析結果

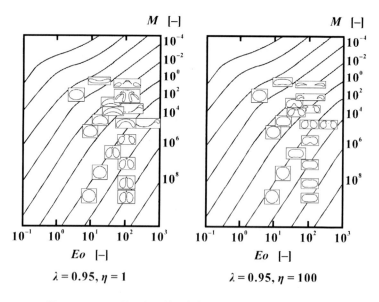

$\lambda = 0.95, \eta = 1$　　　　　　　　$\lambda = 0.95, \eta = 100$

図 1・8　CLVOF 法による単一液滴の上昇運動の数値解析結果

なお，スカート形気泡領域(図1・1の(7)および(8)の領域)に関しては3次元解析で設定できる計算セルサイズでは，気泡下部で形成されるスカートの厚さ(数十ミクロンのオーダー)を捉えることができないため，ここでは計算対象から外した[18].

液滴上昇運動に関しては，1.2節で説明したように，液滴までを考慮したGraceら[2]の相関図ではηが独立変数として考慮されていないため不十分である．したがって，ηを独立変数として考慮した相関図を考える必要がある．先に述べたように粘度比条件として$\eta \approx 0.01$，$\eta \approx 1$，$\eta \approx 100$程度の3条件に対して液滴の上昇運動を調べる必要がある．$\eta \approx 0.01$の場合は，気泡上昇運動に比較的近いと予想できるために，$\eta \approx 1$と$\eta \approx 100$の条件での検討が必要となる．図1・8は密度比を固定($\lambda = 0.95$)して粘度比を$\eta = 1$と$\eta = 100$とした場合の数値解析結果[7]である．BhagaとWeber[3]が作成した相関図を利用してM数とEo数に対する液滴形状が示されている．図から明らかな様に液滴上昇運動は粘度比に大きく依存することを確認できる．最も顕著な特徴は，高Eo数域では液滴が分裂・崩壊していることである．$\eta = 1$の場合，M数条件に関わらず高Eo数域で液滴が崩壊し，$\eta = 100$では低M数条件の高Eo数域で液滴が崩壊している．したがって，粘性流体中を上昇する粘度比が大きい液滴の上昇運動では，液滴径が大きくなると単一液滴の状態を維持できずに分裂・崩壊すると言える．この点は気泡運動とは大きく異なる点である．

例題1・4 密度$\rho_S = 1000$ kg/m³，粘度$\mu_S = 1.0$ Pa·sの水溶液中を$d = 25.0$ mmの単一のシリコンオイル液滴が上昇運動をしている．この液滴は安定的に上昇運動をするか，あるいは不安定運動となり分裂・崩壊をするかを判断せよ．なお，シリコンオイルの物性値は，密度$\rho_B = 950$ kg/m³，粘度$\mu_B = 1.0$ Pa·s，表面張力は$\sigma = 4.0 \times 10^{-2}$ N/mとする．

(解) Eo数とM数を求める．

$$Eo = \frac{(\rho_S - \rho_B)gd^2}{\sigma} = \frac{(1000-950)(9.8)(0.02)^2}{(0.04)} \approx 4.9$$

$$M = \frac{(\rho_S - \rho_B)g\mu_S^4}{\rho_S^2 \sigma^3} = \frac{(1000-950)(9.8)(1)^4}{(1000)^2(0.04)^3} \approx 7.7$$

密度比と粘度比は，$\lambda = 0.95$，$\eta = 1$ であるので，図 1·8 の左図において $Eo = 4.9$ と $M = 7.7$ に対応する液滴の形状をみる．図より対応する液滴は安定的に上昇運動をすると予想できる．

1.7 気泡上昇運動への初期流動条件依存の数値解析

1.4 節で述べたように Tomiyama ら[12]や Wu と Gharib[13]は低 M 数，低 Eo 数条件では液中に気泡を放出する際の気泡形状（変形度合い）に応じて，気泡上昇運動軌跡や最終気泡形状が異なると言う初期流動条件依存性を報告した．これは，CLSVOF 法を用いた 3 次元数値解析により Ohta ら[19]によっても証明されている．さらに，低 M 数条件の中〜高 Eo 数 ($Eo > 40$) 域においても気泡上昇運動の初期流動条件の依存性が観察されている．Bhaga と Weber[3]は実験的観察に基づいて，低 M 数条件の中〜高 Eo 数域では底部が偏平なキャップ形状をした気泡である冠球状気泡と分類している．一方で Walters と Davidson[20]はドーナツ形状をし

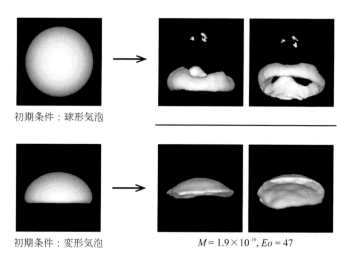

図 1·9　CLVOF 法による単一液滴の上昇運動の数値解析結果[21]

たトロイダル気泡を実験的に観察しており，Bhaga と Weber[3]の観察結果とに相違がある．これに関して低 M 数条件の高 Eo 数域における気泡の上昇運動も初期流動条件に依存性することが，Ohta らの数値解析により証明されている[21, 22]．

図 1·9 に $M = 1.9 \times 10^{-10}$，$Eo = 47$ の条件に対する CLSVOF 法を用いた 3 次元数値解析結果を示す．この条件は Bhaga と Weber[3]の気泡運動の整理図では冠球状気泡に分類される．図 1·9 から明かなように，初期条件として球形気泡から解析を行った場合は気泡の最終形態はトロイダル気泡になっているが，変形気泡から解析を始めた場合は冠球状気泡になる．これより気泡上昇運動に初期流動条件依存性があることを確認できる．また，一方で低 M 数条件以外では気泡上昇運動に初期流動条件の依存性がないことも数値解析より確かめられており[21, 22]，気泡上昇運動への初期流動条件の依存性は低 M 数条件にだけ見られる特徴的な運動であると言える．

1.8 まとめ

本章では，気泡・液滴の運動過程で最も基礎的な粘性流体中を上昇する単一気泡・液滴の運動に関する知見，その運動特性を説明した．これらの運動については非常に古くから多数の知見が蓄積されてきたが，液滴の上昇（下降）運動や気泡・液滴に作用する流体力である抗力や揚力については，研究の余地が大く残されている．低～高粘性流体までの広範囲の物性条件を対象とした気泡・液滴の運動や流体力を実験的に調べるのは非常に困難で労力が掛かる．今後は，気泡・液滴の運動を高精度に再現できる CFD 手法を用いて，より詳細な気泡・液滴の運動機構が数値的に解明されると考えられる．また，高精度な CFD 解析結果の援用により，流体力に関する新たな相関式の提案，また既存の相関式の改良等が行われると思われる．

参考文献

1) R. Clift, J. R. Grace, M. E. Weber : "Bubbles, Drops and Particles", Academic Press (1978).

2) J. R. Grace, T. Wairegi, T. H. Nguyen : *Trans. Inst. Chem. Eng.*, **54**, 167–176 (1976).

3) D. Bhaga, M. E. Weber : *J. Fluid Mech.*, **105**, 61–85 (1981).

4) A. Tomiyama, H. Tamai, I. Zun, S. Hosokawa : *Chem. Eng. Sci.*, **57**, 1849–1858 (2002).

5) A. Tomiyama, I. Kataoka, I. Zun, T. Sakaguchi : *JSME Int. J., Series B.*, **41**, 472–479 (1998).

6) W. Myint, S. Hosokawa, A. Tomiyama : *J. Fluid Sci Tech.*, **1**, 72–81 (2006).

7) M. Ohta, S. Yamaguchi, Y. Yoshida, M. Sussman : *Phys. Fluids*, **22**, 072102 (2010).

8) M. Ohta, Y. Akama, Y. Yoshida, M. Sussman : *J. Fluid Mech.*, **752**, 383–409 (2014).

9) D. Legendre, J. Magnaudet : *J. Fluid Mech.*, **368**, 81–126 (1998).

10) 小川耕平, W. Myint, 細川茂雄, 冨山明男 : 混相流研究の進展, **2**, 55–62 (2007).

11) M. Ohta, T. Abe, Y. Yoshida : *J. Chem. Eng. Japan*, **45**, 119–122 (2012).

12) A. Tomiyama, G.P. Celata, S. Hosokawa, S. Yoshida : *Int. J. Multiphase Flow*, **28**, 1497–1519 (2002).

13) M. Wu, M. Gharib : *Phys. Fluids*, **14**, L49–L52 (2002).

14) 太田光浩, 酒井幹夫, 島田直樹, 本間俊司, 松隈洋介 : "混相流の数値シミュレーション", 丸善出版 (2015).

15) C. W. Hirt, B. D. Nichols : *J. Comput. Phys.*, **39**, 201–225 (1981).

16) M. Sussman, E. Puckett : *J. Comput. Phys.*, **162**, 301–337 (2000).

17) M. Sussman, P. Smereka, S. J. Osher : *J. Comput. Phys.*, **114**, 146–159 (1994).

18) M. Ohta, M. Sussman : *Phys. Fluids*, **24**, 112101 (2012).

19) M. Ohta, M. Tsuji, Y. Yoshida, M. Sussman : *Chem. Eng. Technol.*, **31**, 1350–1357 (2008).

20) J.K. Walters, J.F. Davidson : *J. Fluid. Mech.*, **17**, 321–336 (1963).

21) M. Ohta, S. Haranaka, Y. Yoshida, M. Sussman : *J. Chem. Eng. Japan*, **37**, 968–975 (2004).

22) M. Ohta, T. Imura, Y. Y. Yoshida, M. Sussman : *Int. J. Multiphase Flow*, **31**, 223–237 (2005).

第2章　マイクロカプセル形成における界面ダイナミクスと
数値シミュレーション

　本章では，ノズルやオリフィスを利用したマイクロカプセル形成技術に対して，数値流体力学シミュレーションによる設計支援の方法について紹介する．特に，同心二重ノズルからの複合液滴生成について，その界面ダイナミクスと数値シミュレーションについて解説する．まず，2.1節でマイクロカプセルの形成方法について概説し，近年開発されたFlow Focusing Device（FFD）[1]を紹介する．2.2節では，FFDにおける液滴形成に関して，界面ダイナミックスに基づく液滴径の推算方法について，その考え方を述べる．最後に，2.3節においてFront-Tracking法[2]によるFFDの数値流体力学シミュレーションについて，その方法および解析結果[3]について紹介する．

2.1 マイクロカプセルの形成手法

　マイクロカプセルは，芯物質（core / internal phase / fill）とカプセル壁（shell / coating / membrane）から成る大きさが数μmから数mmの粒子であり，内部に様々な有用物質を閉じ込めることが可能であり，食品，医薬品をはじめ産業のあらゆる分野で原料または製品として利用されている[4]．マイクロカプセルは，芯物質を周囲の環境から隔離または保護する働きを持つ．例えば，芯物質が空気によって変質する場合，カプセル壁がこれを防ぐ働きをする．また，芯物質が流体であってもカプセル壁で囲むことによって芯物質の環境への流出を防ぐとともに，それらを固体として扱うことが可能になる．さらに，透過性のカプセル壁を利用し，芯物質の周囲への拡散を制御することも可能であり，ドラッグデリバリーシステムのキャリアとして応用されている．

　マイクロカプセルの製造法には，①界面重合法など化学反応を利用する方法，②コアセルベーション法など相変化や溶解度の差を利用する物理化学的な方法，③オリフィスからの液滴生成，噴霧乾燥，乾式混合を利用する機械的操作による方法がある．化学反応を利用する方法や物理化学的な方法では，芯物質をカプセル壁となる物質中に分散させる必要がある．一般に，撹拌による剪断力で

微小液滴を生成させるが，単分散の液滴を得ることは難しい．

単分散のマイクロカプセル製造には，オリフィスからの液滴生成が利用される．これは，同心の二重ノズルの内側から芯物質を，外側からカプセル壁となる物質をそれぞれ流下させ，ノズルに適当な振動を与えることによって均一な複合液滴（Compound Drop）を生成する方法である．数100μmから数mmオーダーのカプセル製造においては，シームレスカプセル化技術[5]として既に広く利用されている．

数100μmより小さい液滴生成においては，マイクロ流路を用いた方法が提案されている．大量生産には不向きだが，比較的制御された剪断場を用いるため，単分散かつ極微小な液滴を得ることができ，様々な流路形状の装置開発が進められている[6]．このうち，Utadaら[1]によるFlow Focusing Device（FFD）は，同心の二重ノズルから分散相としてカプセル壁を構成する物質（Middle Fluid / Shell Fluid）および芯物質（Inner Fluid / Core Fluid）を連続相に流入させるとともに，二重ノズル外側から連続相流体（Outer Fluid / External Fluid）を，入口を狭く絞ったオリフィスに導入することによって，分散相のジェットの生成およびその先端における複合液滴の生成を行わせるマイクロ流体装置である（**図2・1**）．本装置では，流量比を変化させることによって，芯物質となる液滴を複数含む複合液滴も生成可能である．さらに，本装置を多段化することによって，複合液滴を内部に含む複合液滴の生成も可能であり[7]，様々な応用が期待されている．

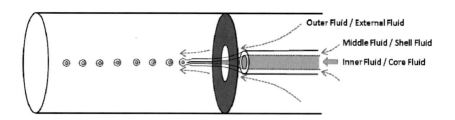

図 2・1　Flow Focusing Device（FFD）の構造

2.2 液滴生成における界面のダイナミクス

FFDによる複合液滴生成現象を理解するために，界面のダイナミクスについて考察する．層流領域において，ノズルから生成する液滴の生成機構は大きく二つに分類されることが知られている[8]：ノズル近傍で滴が垂れるように生成する**Dripping**モードとノズルからジェットが生成し，その先端で液滴が分裂する**Jetting**モードである（**図2・2**）．これら二つのモードは日常生活でもよく見られる現象である．FEDでは液相中（連続相が液体）への液滴の放出について取り扱うが，ここでは，気相中（連続相が気体）への液滴の放出事例で説明する．水道の蛇口の栓を徐々に絞っていくと，1本の細いジェットとなり，その先端で水滴が分裂している様子が観察される．これがJettingモードである．さらに栓を絞っていくと，やがて蛇口の出口部分から液滴が滴り落ちるようになる．これがDrippingモードである．この様子は，スマートフォンのカメラで撮影しても鮮明に捉えることができる．

Jettingモードでは，蛇口からの微小な振動の波がジェット界面を伝わり，その波の成分のうち，最も速く成長する波がジェット表面に現れ，その節で液滴が分裂する．この分裂機構はRayleigh-Plateau不安定性[9,10]として知られている．Rayleigh-Plateau不安定性は液柱の分裂においても観察される（**図2・3**）．波が軸対称に変化する場合（図2・2(b)および図2・3），波長に応じた単分散の液滴を生成するが，微小なサテライト液滴が生成する場合も多い．サテライト液滴とは，Drippingモード（図2・2(a)）においてみられるように，主たる液滴が分裂する際，分裂点の後方に細長い液糸が生成し，その液糸が微小な液滴となったものである．液柱の分裂（図2・3）をみれば，その生成過程が理解しやすい．

Drippingモードではノズル近傍で液滴が分裂する．液滴はJettingモードで生成する液滴と比較して大きい．液滴径は，分裂を妨げる界面張力や粘性力と分裂を促進する重力や慣性力とのバランスによって決定される．

このように，JettingモードとDrippingモードでは分裂の機構が異なることから，液滴径の推算のためにはモードが遷移する点を把握することが必要である．FFDにおいては連続相も液体であることから，液－液系のモード遷移を考える必要がある．これまでに，静止流体中への液滴生成におけるモード遷移[11,12]やFFDの

ように連続相流体に流れがある場合のモードの遷移[13,14]について研究が行われているが，いずれも分散相は単一流体である．FFDを利用したマイクロカプセル製造のように分散相に複数の流体を使用する場合のモード遷移の研究は多くないが，分散相に使用する流体の物性値がほぼ等しい場合や，分散相流体の物性値を平均することによって，便宜的に単一流体の知見を利用することができる．以下，Utadaらの研究[1]をレビューする形でモードの遷移ならびにJettingモードおよびDrippingモードそれぞれにおける液滴径の推算について紹介する．

図2・2　Drippingモード(a)とJettingモード(b) [14]

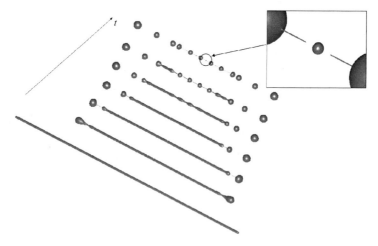

図2・3　液柱の分裂におけるRayleigh-Plateau不安定性[15]
（液滴の間にサテライト液滴の生成が観察される）

2.2.1 Dripping-Jetting 遷移

　現象のスケールを考察することによって，Dripping-Jetting遷移について議論する．なお，芯物質およびカプセル壁で構成される分散相流体の物性値はほぼ等しいと仮定し，連続相流体と分散相流体との界面についてのみ考えることにする．

　まず，界面の分裂点近傍について考える．ジェットや液柱など円筒状の界面が分裂し液滴になる直前，分裂点近傍の長さスケールは非常に小さいので局所的なレイノルズ数はほぼゼロに近いと考えられる．すなわち，分裂点近傍の界面の運動は，粘性力と界面張力によって支配されると予想できる．よって，界面が分裂点に向かって移動する速度，すなわち分裂速度は

$$v_{pinch} \sim \sigma / \mu_{out} \quad [\mathrm{m \cdot s^{-1}}] \tag{2・1}$$

のオーダーと考えられる．ここに，σ は界面張力係数$[\mathrm{N \cdot m^{-1}}]$，$\mu_{out}$は連続相の流体の粘度$[\mathrm{Pa \cdot s}]$である．また，分裂時間（pinch-off time）のスケールは

$$t_{pinch} = C R_{jet} \mu_{out} / \sigma \quad [\mathrm{s}] \tag{2・2}$$

で計算できる．ここに，R_{jet}はジェットの半径$[\mathrm{m}]$，定数C [-]は粘度比の関数で，例えば$\mu_{co}/\mu_{out} = 0.1$（μ_{co}：芯物質の粘度）のとき20である[16]．

　Jettingモードでは界面上を微小な攪乱（界面波）が成長し，やがて液滴の分裂に至る．その成長時間のスケールを見積ると

$$t_{growth} \sim R_{jet}^3 / Q_{sum} \quad [\mathrm{s}] \tag{2・3}$$

となる．ここに，Q_{sum}は分散相流体の体積流量$[\mathrm{m^3 \cdot s^{-1}}]$である．この式は，攪乱の成長には少なくともジェットの半径の長さ程度の距離が必要であることを示している．

　DrippingモードではJettingモードにおける界面波が十分に成長する前に界面の分裂が起こる．すなわち，

$$t_{pinch} < t_{growth} \tag{2・4}$$

一方，Jettingモードの条件は

$$t_{pinch} > t_{growth} \tag{2・5}$$

である．キャピラリー数（Ca数）は，界面の分裂時間と界面波の成長時間の比

であり,

$$Ca = \frac{t_{pinch}}{t_{growth}} = \frac{\mu_{out} Q_{sum}}{\sigma R_{jet}^2} \quad [-] \tag{2・6}$$

と定義される. (2・4)式および(2・5)式より, DrippingモードからJettingモードへの遷移はCa〜1で起こると考えられる. また, Ca < 1でDrippingモード, Ca > 1でJettingモードであることは上述の議論から明らかである. ただし, 連続相流体の流れがある場合はCa数のみで判断することが出来ないので注意が必要である.

2.2.2 液滴径の推算

FFD (図2・1) の液滴生成においてDrippingモードの液滴径は簡単な物質収支によって求めることができる. Drippingモードでは, オリフィス付近 (図2・1の円盤部分) で液滴が分裂するが, ノズル内で放物線型の速度分布であった分散相が, ある流速を持つ連続相に流入すると, 速度分布は緩和し, オリフィス付近においてすべての相が同じ速度をもつ一様分布になると考えられる. この場合, 分散相と連続相流体の流量比は

$$\frac{Q_{sum}}{Q_{out}} = \frac{R_{jet}^2}{\left(R_{jet}^2 - R_{orifice}^2\right)} \quad [-] \tag{2・7}$$

で計算できる. ここに$R_{orifice}$はCollection Tube入口の半径[m]である. この式より

$$R_{jet} = R_{orifice}\sqrt{\frac{Q_{sum}}{Q_{out} - Q_{sum}}} \quad [m] \tag{2・8}$$

が得られ, 以下の式により液滴径 (R_{drop}) の推算が可能である.

$$R_{drop} = k\,R_{jet} \quad [m] \tag{2・9}$$

定数kは粘度比の関数であり, 2程度の大きさであることが実験的に知られている. Utadaらの研究[4]によれば$\mu_{co}/\mu_{out} = 0.1$のとき$k = 1.87$であり, これは, 無限大の長さの液柱における線形安定理論[16]によって求められた値とほぼ一致している.

Jetting モードにおける液滴径は, 液滴がオリフィスより遠方で分裂するため, 速度分布が一様ではなく, 単純な物質収支で求めることはできない. 正確な速度分布の計算は, 後述する数値流体力学シミュレーションによって求める必要がある. しかしながら, 分裂時間を考慮することによって比較的簡単に液滴径

を推算できる．すなわち，分散相流体の体積流量に分裂時間をかければ，液滴1個分の体積が求められる．

$$\frac{4}{3}\pi R_{\mathrm{drop}}^3 = Q_{\mathrm{sum}} t_{\mathrm{pinch}} \quad [\mathrm{m}^3] \tag{2・10}$$

よって

$$R_{\mathrm{drop}} = \left(\frac{3 C Q_{\mathrm{sum}} R_{\mathrm{jet}} \mu_{\mathrm{out}}}{4\pi\sigma}\right)^{1/3} \quad [\mathrm{m}] \tag{2・11}$$

$\mu_{\mathrm{co}}/\mu_{\mathrm{out}} = 0.1$ の条件では $C = 20$ なので，

$$R_{\mathrm{drop}} = \left(\frac{15 Q_{\mathrm{sum}} R_{\mathrm{jet}} \mu_{\mathrm{out}}}{\pi\sigma}\right)^{1/3} \quad [\mathrm{m}] \tag{2・12}$$

となる．なお，R_{jet} の算出方法[1]については付録に掲載する．

2.3　数値シミュレーションによる液滴生成条件の検討

前節では，FFDにおける液滴径推算方法について解説したが，簡略化した点も多く，より正確な装置設計に対しては十分とは言い難い．実際の装置設計を考えると，二重ノズルやCollection Tubeなどの装置の形状とその寸法をはじめ，芯物質およびカプセル壁となる流体と連続相流体，各々の物性値，各流体の流量など，設計および操作変数の組み合わせが非常に多い．このような状況では，数値流体力学シミュレーションを利用した設計支援が非常に有効であると考えられる．本節では，複合液滴の界面の運動の追跡にFront-Tracking法[2]を利用した数値流体力学シミュレーションについて紹介し，その利用例[3]を示す．

2.3.1　数値解析法

図2・4に解析領域の模式図を示す．解析対象の寸法が非常に小さい（数10μm～1mm）ため，軸対称流れを仮定し，解析には軸対称円筒座標系を用いた．図の左側が流入部，右側が流出部である．内径$2R_{\mathrm{out}}$の円筒内に，分散相流体の流入部として長さL_0の円環状ノズルを配置する．ノズル部の外環の内径が$2R_{\mathrm{sh}}$，内管の内径が$2R_{\mathrm{co}}$である．ノズル部の壁の厚みはR_{th}である．環状ノズル部の内管より芯物質となる流体，その円環部にカプセル壁となる流体をそれぞれ流入させる．また，環状のノズル部の外側に連続相流体を流入させる．環状ノズルの

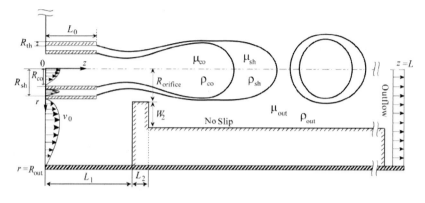

図2・4 解析対象の模式図

前方には,FFDのCollection Tubeを模擬した開口部の半径$R_{orifice}$のオリフィスを設置する.三つの流体はそれぞれ不混和性で,共に非圧縮性ニュートン流体と仮定する.

三流体の界面の移動を含む流れ場は,Front-Tracking法[2]で解いた.この方法では1流体モデルで流れの支配方程式を定式化する.1流体モデルとは,三つの異なる流体を界面を隔てて物性値が異なる単一流体として扱い,界面を境界条件としない方法である.その代わりに界面の運動を何らかの方法で追跡しなければならない.Front-Tracking法では,Frontと呼ばれる計算格子とは独立の要素を用い界面の運動を追跡する.

1流体モデルによる流れの支配方程式は,連続の式

$$\nabla \cdot \boldsymbol{u} = 0 \qquad (2\cdot 13)$$

運動方程式

$$\frac{\partial}{\partial t}\rho\boldsymbol{u} + \nabla \cdot \rho\boldsymbol{uu} = -\nabla P + \nabla \cdot \mu(\nabla \boldsymbol{u} + \nabla \boldsymbol{u}^T) + \int_f \sigma\kappa\boldsymbol{n}_f \delta(\boldsymbol{x} - \boldsymbol{x}_f)dA_f \qquad (2\cdot 14)$$

および従属変数となる物性値の式

$$\frac{D}{Dt}\rho = \frac{D}{Dt}\mu = 0 \qquad (2\cdot 15)$$

である.ここに,A_fは界面要素の面積,Pは圧力,$\boldsymbol{u}$は速度ベクトル,$\boldsymbol{x}$は位置ベ

クトル，μは粘度，ρは密度である．(2・14)式の右辺第3項は界面張力で，δ関数を用い界面x_fでのみ働く体積力として計算される．ここに，σは界面張力係数，κはxにおける曲率，n_fは界面の法線ベクトルである．

計算開始時においてノズル部は分散相流体，それ以外の部分は連続相流体で満たされているとし，その境に界面を配置する．流体は，計算開始時点では静止していると仮定し，初期条件として流入境界以外は速度ゼロを与えた．境界条件として中心軸に対称条件，流出部に流出条件を与えた．また，ノズル部の壁および外管の内壁にすべりなしの境界条件を与えた．流入部には以下の速度分布をもつ流入条件を与えた[18]．

$$v_0(r) = 2v_{0,\mathrm{co}}\left[1-\left(\frac{r}{R_{\mathrm{co}}}\right)^2\right], \ (0 < r < R_{\mathrm{co}}) \tag{2・16}$$

$$v_0(r) = 2v_{0,\mathrm{sh}}\left[\frac{\ln(1/\alpha)}{\ln(1/\alpha)(1+\alpha^2)-(1-\alpha^2)}\right]\left[1-\left(\frac{r}{R_{\mathrm{sh}}}\right)^2-\frac{1-\alpha^2}{\ln(1/\alpha)}\ln\left(\frac{R_{\mathrm{sh}}}{r}\right)\right],$$
$$(R_{\mathrm{co}} + R_{\mathrm{th}} < r < R_{\mathrm{sh}}) \tag{2・17}$$

$$v_0(r) = 2v_{0,\mathrm{out}}\left[\frac{\ln(1/\gamma)}{\ln(1/\gamma)(1+\gamma^2)-(1-\gamma^2)}\right]\left[1-\left(\frac{r}{R_{\mathrm{out}}}\right)^2-\frac{1-\gamma^2}{\ln(1/\gamma)}\ln\left(\frac{R_{\mathrm{out}}}{r}\right)\right],$$
$$(R_{\mathrm{sh}} + R_{\mathrm{th}} < r < R_{\mathrm{out}}) \tag{2・18}$$

ここに，$v_{0,j}$は流入部j（j = co, sh, out）における平均流入速度である．また，αおよびγはそれぞれ$\alpha = (R_{\mathrm{co}} + R_{\mathrm{th}})/R_{\mathrm{out}}$および$\gamma = (R_{\mathrm{sh}} + R_{\mathrm{th}})/R_{\mathrm{out}}$で定義されるパラメータである．

(2・13)式および(2・14)式は有限体積法によって離散化し，MAC法のような非圧縮性粘性流体の標準的な解法を利用して流れ場を求める．ノズルやオリフィスなどの計算領域内の障害物については，境界埋め込み法（Immersed Boundary Method）を利用する．なお，数値解析法の詳細については，最近出版された成書[19]を参照されたい．

2.3.2 計算例

図2・5に計算結果の一例を示す．また，計算条件を表2・1に示す．計算条件と

して与えた無次元数はレイノルズ数（Re数），ウェーバー数（We数），およびキャピラリー数で以下のように定義した：

$$Re_{co} = D_{co}v_{0,co}\rho_{co}/\mu_{co}, \quad Re_{sh} = D_{sh}v_{0,sh}\rho_{sh}/\mu_{sh}, \quad Re_{out} = D_{out}v_{0,out}\rho_{out}/\mu_{out},$$

$$We_{co} = D_{co}v_{0,co}^2\rho_{co}/\sigma, \quad We_{sh} = D_{sh}v_{0,sh}^2\rho_{sh}/\sigma, \quad We_{out} = D_{out}v_{0,out}^2\rho_{out}/\sigma,$$

$$Ca_{co} = We_{co}/Re_{co}, \quad Ca_{sh} = We_{sh}/Re_{sh}, \quad Ca_{out} = We_{out}/Re_{out}$$

ここに，Dはそれぞれの流路に対して$D_{co} = 2R_{co}$, $D_{sh} = 2(R_{sh}-R_{th}-R_{co})$, $D_{out} = 2(R_{out}-R_{th}-R_{sh})$と定義される水力直径である．装置の寸法は$R_{sh}$を基準にした無次元長さを用い，以下のように設定した： $R_{co}/R_{sh} = 0.6$, $R_{out}/R_{sh} = 1.6$, $R_{th}/R_{sh} = 0.08$, $L/R_{sh} = 19.6$, $L_0/R_{sh} = 1.0$, $L_1/R_{sh} = 2.2$, $L_2/R_{sh} = 0.4$, $R_{orifice}/R_{sh} = 0.4$, $W_2/R_{sh} = 0.4$（記号は図2・2を参照）．粘性力支配の現象のため，密度比は計算結果に影響を与えることはほとんど無いが，便宜上$\rho_{sh}/\rho_{co} = 1.25$および$\rho_{out}/\rho_{co} = 1.22$を与えた．芯物質およびカプセル壁となる流体の粘度は等しく設定した（$\mu_{sh}/\mu_{co} = 1$）．一方，

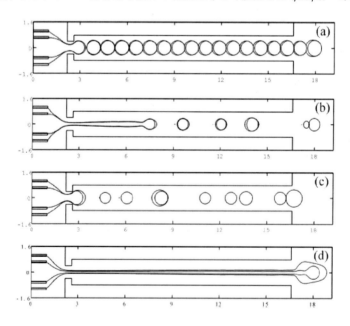

図 2・5　複合液滴生成の様子

表 2・1　計算条件

Case	(a)	(b)	(c)	(d)
Re_{co}	1.18×10^{0}	1.18×10^{0}	1.18×10^{-1}	1.94×10^{-1}
Re_{sh}	9.60×10^{-2}	9.60×10^{-2}	6.40×10^{-2}	2.11×10^{-1}
Re_{out}	4.58×10^{-1}	3.33×10^{0}	3.33×10^{-1}	1.83×10^{1}
We_{co}	1.18×10^{-2}	1.18×10^{-2}	1.18×10^{-4}	3.89×10^{-3}
We_{sh}	1.44×10^{-4}	1.44×10^{-4}	6.40×10^{-5}	8.47×10^{-3}
We_{out}	2.52×10^{-3}	1.33×10^{-1}	1.33×10^{-3}	4.89×10^{-1}
Ca_{co}	1.00×10^{-2}	1.00×10^{-2}	1.00×10^{-3}	2.00×10^{-2}
β	1	1	1	10

連続相流体と芯物質の粘度比 β（$= \mu_{out}/\mu_{co}$）はパラメータとして変化させた.

　図2・5 (a)は，均一な複合液滴が生成する条件である．オリフィス近傍で液滴が分裂しており，典型的なDrippingモードを示している．図2・5 (b)では，ジェットが生成し，その先端で液滴が分裂している．これは，典型的なJettingモードである．サテライトの生成も観察されるが，比較的均一な複合液滴が生成する条件である．(a)と比較するとRe_{out}およびWe_{out}が人きい．これは連続相流体の流量を大きくしているからである．図2・4(c)および(d)では，均一な複合液滴の生成がみられない．(c)に関しては，カプセル壁の流体で構成される単一液滴が主に生じている．(c)の無次元数については,(a)および(b)と比較してRe_{co}が一桁小さい．すなわち，十分な量の芯物質が供給されていないことを示している．(d)については，複合ジェットが生成しているが，計算領域内での液滴の生成が見られなかった．これは計算ドメインの長さが不足しているからであるが，操作条件としては非現実的であろう．(d)についてはRe_{out}が二桁ほど大きい．これは，連続相流体の速度が非常に大きいことを示しており，速度の大きな連続相流体によって分散相流体が引き伸ばされ，非常に長いジェットが生じたと考えられる．

　図2・6に$We_{co} = 3.89\times10^{-4}$において複合液滴が生成する条件を示す．計算は以下の条件で40ケース実施した．

$9.72 \times 10^{-3} < Re_{co} < 1.18,$ $1.06 \times 10^{-2} < Re_{sh} < 9.60 \times 10^{-1},$
$9.17 \times 10^{-3} < Re_{out} < 36.7$ $6.40 \times 10^{-5} < We_{sh} < 8.47 \times 10^{-3}$
$1.33 \times 10^{-3} < We_{out} < 4.89 \times 10^{-1}$ $\beta = 0.1, 1.0, 10$

図に示すように,粘度比と芯物質基準のCa数($Ca_{co} = We_{co}/Re_{co} = v_{0,co}\mu_{co}/\sigma$)によって整理すれば複合液滴が生成する条件を見出すことができる.粘度比が小さく,Ca数も小さい場合,カプセル壁となる物質からなる単一液滴が生成した.粘度比およびCa数が共に大きい場合,ジェットを形成するが不安定性が増し,均一な複合液滴は生成しなかった.このように,数値シミュレーションによって予め複合液滴が生成する条件を整理しておけば,複合液滴が生成する条件を知ることができる.

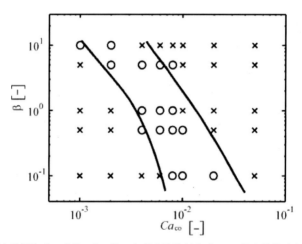

図 2.6 複合液滴生成の条件 [○:均一な複合液滴が生成,×:複合液滴が生成しない]

例題 2・1 ケロシンを内径 0.5mm の単孔ノズルから静止したグリセリン水溶液中に分散させた.DrippingからJettingに遷移するケロシンの流量を概算せよ.ただし,ケロシンおよびグリセリン水溶液の粘度はそれぞれ 2.0mPa・s および 20mPa・s とする.また界面張力係数は 30mN・m^{-1} とする.なお,ジェットの径はノズルの径とほぼ等しいと仮定してよい.

(解)　Dripping から Jetting に遷移する点の Ca 数は，ほぼ 1 と考えられるので，(2・6)式より

$$
\begin{aligned}
Q_{sum} &= \sigma R_{jet}^2 / \mu_{out} \\
&= (30 \times 10^{-3})(0.5 \times 10^{-3}/2)^2 / (20 \times 10^{-3}) \\
&= 9.4 \times 10^{-8}\,\mathrm{m^3 \cdot s^{-1}} \\
&= 94\,\mathrm{\mu L \cdot s^{-1}}
\end{aligned}
$$

例題 2・2　FFD を用い粘度 0.05Pa・s のシリコンオイルを同じ粘度をもつグリセリン水溶液で包んだ複合液滴を生成させる．連続相流体には粘度 0.5Pa・s のシリコンオイルを用いる．芯物質のシリコンオイルの流量が 200μL・h⁻¹，グリセリン水溶液の流量が 800μL・h⁻¹，連続相流体のシリコンオイルの流量が 2500 μL・h⁻¹ のとき Dripping モードが観察された．このとき生成する液滴径を推算せよ．なお，シリコンオイルとグリセリン水溶液の界面張力係数は 20mN・m⁻¹，Collection Tube のオリフィス径を 20μm とする．

(解)　(2・8)式より

$$
R_{jet} = \left(20 \times 10^{-6}\right)\sqrt{\frac{200+800}{2500-(200+800)}} = 1.63 \times 10^{-5} \quad \mathrm{m}
$$

$\mu_{co}/\mu_{out} = (0.05\mathrm{Pa \cdot s})/(0.5\mathrm{Pa \cdot s}) = 0.1$ なので $k = 1.87$ が利用でき(2・9)式より

$$
\begin{aligned}
R_{drop} &= (1.87)(1.63 \times 10^{-5}) \\
&= 3.05 \times 10^{-5}\,\mathrm{m} \\
&= 30.5\,\mathrm{\mu m}
\end{aligned}
$$

例題 2・3　例題 2・2 と同条件で連続相流体のシリコンオイルの流量のみ 7000 μL・h⁻¹ に増加させたところ Jetting モードが観察された．このとき生成する液滴径を推算せよ．

(解)　$\mu_{co}/\mu_{out} = (0.05\mathrm{Pa \cdot s})/(0.5\mathrm{Pa \cdot s}) = 0.1$ なので(2・12)式が利用できる　まず，式中の R_{jet} を付録の図 A2・1 より求める．$Q_{out}/Q_{sum} = (7000)/(200+800) = 7$ より $R_{jet}/R_{orifice}$ ~0.27 が読み取れる．よって $R_{jet} = (0.27)(20 \times 10^{-6}) = 5.4 \times 10^{-6}$ m．(2・12)式より

$$
R_{drop} = \left(\frac{15 \cdot (200+800) \times 10^{-9} \cdot (1/3600)(5.4 \times 10^{-6})(0.5)}{(3.14)(20 \times 10^{-3})}\right)^{1/3} = 5.64 \times 10^{-5}\,\mathrm{m} = 56.4\mathrm{\mu m}
$$

付録

オリフィスより下流側遠方でのジェットの速度分布よりR_{jet}と$R_{orifice}$との関係を求める式を紹介する[1]. レイノルズ数がほぼゼロに近い流れにおける定常状態での流体の運動方程式

$$\nabla P = \mu \nabla^2 \boldsymbol{u} \tag{A2.1}$$

を適当な境界条件の元で解くと下記の式が得られる.

$$\frac{Q_{sum}}{Q_{out}} = \frac{\mu_{out}}{\mu_{sum}} \frac{\varepsilon^4}{(1-\varepsilon^2)^2} + 2\frac{\varepsilon^2}{1-\varepsilon^2} \tag{A2.2}$$

ここに, $\varepsilon = R_{jet} / R_{orifice}$である. また, 芯物質およびカプセル壁となる流体の粘度は等しいと仮定している. (A2.2)式をεについて解けばR_{jet}を求めることができる. **図A2・1**に粘度比 (μ_{sum}/μ_{out}) が0.1, 1.0, 10における($R_{jet} / R_{orifice}$)と(Q_{out} / Q_{sum})との関係を示す. 図より連続相流体の流量が増加すると, ジェットの直径が減少することがわかる.

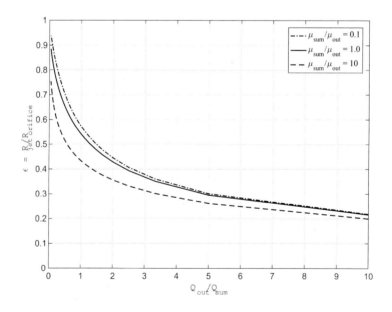

図 A2・1　($R_{jet} / R_{orifice}$)と(Q_{out} / Q_{sum})との関係

参考文献

1) Utada, A. S., Lorenceau, E., Link, D. R., Kaplan, P. D., Stone, H. A., Weitz, D. A.: "Monodisperse Double Emulsions Generated from a Microcapillary Device", Science, **22**, pp.537-541 (2005)

2) Tryggvason, G., Bunner, B., Esmaeeli, A., Juric, D., Al-Rawahi, N., Tauber, W., Han, J., Nas, S., Jan, Y.: "A Front-Tracking Method for the Computations of Multiphase Flow", J. Comput. Phys., **169**, pp.708-759 (2001)

3) Homma, S., Moriguchi, K., Kim, T., Koga, J.: "Computations of Compound Droplet Formation from a Co-axial Dual Nozzle by a Three-Fluid Front-Tracking Method", J. Chem. Eng. Japan, **47**, pp.195-200 (2014)

4) 小石眞純, 日暮久乃, 江藤桂: "造る+使う マイクロカプセル", 工業調査会 (2005)

5) 武井成通: "シームレスミニカプセル製造装置", 製剤機械技術学会誌, **34**, pp.233-237 (2011)

6) 例えば, Sugiura, S, Nakajima, M, Seki M.: "Preparation of Monodispersed Polymeric Microspheres over 50 μm Employing Microchannel Emulsification", Ind. Chem. Eng. Res., **41**, pp.4043-4047 (2002)

7) Chu, L-Y., Utada, A. S., Shah, R. K., Kim, J-W., Weitz, D. A.: "Controllable Monodisperse Multiple Emulsions", Angew. Chem. Int. Ed., **46**, pp.8970-8974 (2007)

8) Clanet, C., Lasheras, J. C.: "Transition from Dripping to Jetting", J. Fluid Mech., **383**, pp.307-326 (1999)

9) Plateau J.: "Statique Expérimentale et Théoretique des Liquides Soumis aux Seules Forces Moléculaires", Gautier-Villars, Paris, (1873)

10) Rayleigh, L.: "On the Capillary Phenomena of Jets", Proc. R. Soc. London, **29**, pp.71-97 (1879)

11) Scheele, G. F., Meister, B. J.: "Drop Formation at Low Velocities in Liquid-Liquid Systems: Part II. Prediction of Jetting Velocity", AIChE J., **14**, pp.15-19 (1968)

12) Homma, S., Koga, J., Matsumoto, S., Song, M., Tryggvason, G.: "Breakup Mode of an Axisymmetric Liquid Jet Injected into Another Immiscible Liquid", Chem. Eng. Sci., **61**, pp.3986-3996 (2006)

13) Utada, A. S., Fernandez-Nieves, A., Stone, H. A., Weitz, D. A.: "Dripping to Jetting Transitions in Coflowing Liquid Streams", Phys. Rev. Lett., **99**, 094502 (2007)

14) Homma, S., Yokotsuka, M., Koga, J.: "Numerical Simulation of the Formation of Jets and Drops in Co-Flowing Ambient Fluid", J. Chem. Eng. Japan, **43**, pp.7-12 (2010)

15) 本間俊司, 古閑二郎, 松本史朗 : "静止流体中においた有限長さの液柱の運動および分裂", 混相流研究の進展 I, pp.87-94 (2006)

16) Powers, T. R., Zhang, D. F., Goldstein, R. E., Stone, H. A.: "Propagation of a Topological Transition: The Rayleigh Instability", Phys. Fluids **10**, pp.1052-1057 (1998)

17) Tomotika, S., "On the Instability of a Cylindrical Thread of a Viscous Liquid Surrounded by Another Viscous Fluid", Proc. Roy. Soc., **A150**, pp.322-337 (1935)

18) Bird, R. B., Stewart, W. E., Lightfoot, E. N.: "Transport Phenomena, 2nd ed.", John Wiley & Sons, (2006)

19) 太田光浩, 酒井幹夫, 島田直樹, 本間俊司, 松隈洋介 : "混相流の数値シミュレーション", pp.65-82, 丸善 (2015)

第3章　粒子分散系のレオロジーと
分散・塗布・乾燥プロセスへの応用

3.1 粒子分散液からの薄膜製造技術

　粒子分散液の中でも粒子濃度が高く，高粘度を示す場合をスラリーと呼ぶことが多い．スラリーはそれ自体が製品となることもあるが，塗布・乾燥を経て機能性薄膜を形成したり，燃料電池の触媒膜やリチウムイオン二次電池の電極膜などのように最終製品の一構成部材として用いられたりすることもある．さらに，近年ではプロセスの効率化や収量増大を目的として超濃厚系へのシフトが進められることに加えて，環境意識の高まりから有機溶媒から水溶媒への変更も大きなトピックであり，いずれも粒子分散から塗布乾燥にかけてのプロセス構築において様々な課題を引き起こす．

　粒子分散液中では粒子間相互作用によって粒子は凝集体を形成することが多く，濃厚系では粒子間距離が狭くなるのでその影響が飛躍的に増大し，有機溶媒系で有効であった粒子分散安定化手法が水系溶媒では適応できない場合がある．加えて，全てのスラリーにおいて粒子の完全分散が必ずしも求められているとは言えない．例えば，二次電池電極の場合，粒子凝集は電気伝導パスの形成に繋がるが，不均一な凝集構造は乾燥後の電極内に空隙を形成して，体積当たりの蓄電容量の低下を招く．このため，粒子分散液の塗布・乾燥を経て薄膜を製造する場合には，粒子分散液内部における粒子凝集構造を把握した上で，これが塗布および乾燥工程においてどのように変化するのかを理解し，最終製品に求められる構造が得られるように適切に制御するプロセス化技術が求められる．したがって，粒子分散液の塗布乾燥操作は，粒子分散操作における分散状態の理解から始まると言っても過言ではない．

　本稿では，粘度や粘弾性を指標として粒子分散液内部の粒子分散状態を理解する手法についてまず解説し，その手法を粒子分散および塗布乾燥操作に適応した事例を紹介する．

3.2 粒子分散系のレオロジー
3.2.1 粒子分散液の粘度

簡単のために図 3・1 示す平行平板に挟まれた試料を考える．上板だけを平行移動させたとき，上板に作用する力 F は材料物性や上板の動かし方に応じて変化するが，加えて上板面積に比例することから，単位面積あたりに作用する力としてせん断応力 τ が定義される．また，上板を早く動かすほど作用する力は大きくなるが，平板間距離が広くなると力は減少することから，せん断応力は平板間の速度勾配に比例する．この速度勾配はせん断速度と呼ばれ，比例定数 μ が粘度に相当する．さらに，この関係式は Newton の粘性法則としてよく知られていて，水などせん断速度によらずに粘度が一定の試料は Newton 流体と呼ばれる．

$$\tau = \mu \dot{\gamma} \qquad (3 \cdot 1)$$

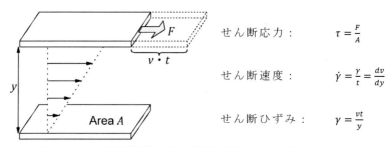

図 3・1　せん断速度，せん断ひずみ，せん断応力の定義

例題　粘度の単位を SI 単位系で求めなさい．
（解）　せん断応力　　$\tau = F/A = [N]/[m^2] = [Pa]$
　　　　せん断速度　　$\dot{\gamma} = v/y = [m/s]/[m] = [s^{-1}]$
　　　　粘度　　　　　$\mu = \tau/\dot{\gamma} = [Pa]/[s^{-1}]) = [Pa \cdot s]$

なお，cgs 単位系では $[g/(cm \cdot s)]$ となり，これを poise(P)（ポアズ）と表記する．したがって，$1 Pa \cdot s = 1 kg/(m \cdot s) = 10 g/(cm \cdot s) = 10 P$ の関係がある．すなわち，$1 mPa \cdot s$（ミリパスカルセカンド）= $1 cP$（センチポアズもしくはシーピー）となる．

次に，粒子を含む Newton 流体を考える．粒子表面は速度ゼロなので，局所的に速度勾配が増大し，全体としてはせん断応力や粘度が増大する．このとき，分散液と分散媒の粘度比（＝相対粘度）は粒子含有量の関数となる．粒子同士の相互作用が全くない系の相対粘度は，Einstein[1]によって粒子体積分率ϕを用いて次式で表されることが示されている．

$$\eta_r = \frac{\eta_{suspension}}{\eta_{medium}} = 1 + 2.5\phi \tag{3・2}$$

しかしながら，同式は極めて低粒子濃度(数 vol%以下)にしか適応できないことから，粒子濃度が高い系に対しては様々な相対粘度式が提案されており，例えば，Krieger-Dougherty[2]，Simha[3]，Quemada[4]などの式がよく知られている．さらに，粒子間に十分な斥力が働かなければ粒子は凝集体を形成する．このとき，粒子間が緩やかに凝集して凝集体内部に多くの空隙を含んでいると，見かけ固体体積分率は増大したことになり，結果として粘度は増大する．したがって，このような粘度は"見かけ粘度"と呼ばれる．そして，せん断速度が増大して，凝集構造が破壊されると見かけ固体体積分率が減少し，見かけ粘度は減少する．一例を図3・2に示す．凝集剤 0wt%では完全分散粘度と見かけ粘度はほぼ一致するのに対して，凝集剤を 1vol%添加すると低せん断速度では著しく粘度が増大し，せん断速度の増加に応じた粘度減少（シアシニング）が見られる．

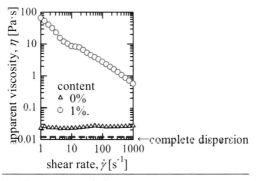

図 3・2　凝集剤添加による粘度変化（50vol%シリカ粒子分散液，pH=8）

3.2.2 粒子分散系の動的粘弾性測定

　次に，粘弾性測定と分散液中の粒子凝集構造の関係について述べる．
試料に対して，粒子凝集構造が破壊されない程度に小さな振幅の正弦関
数で表されるひずみ γ(最大ひずみ γ_0[-]，角周波数 ω[rad/s])を試料に印加
すると，弾性体はひずみと同位相の，粘性体はせん断速度 $\dot{\gamma}$ と同位相のせ
ん断応力応答を生じ，粘弾性体の応力応答 σ はこれらの中間的な挙動を
示す．

$$\gamma = \gamma_0 \sin(\omega t)$$
$$\dot{\gamma} = \gamma_0 \omega \cos(\omega t)$$
$$\sigma = \sigma_0 \sin(\omega t + \delta) = \sigma_0 \cos\delta \sin(\omega t) + \sigma_0 \sin\delta \cos(\omega t)$$

(3·3)

ここで，δ[rad]は応力応答とひずみの位相差である．そして，弾性および
粘性に起因する応力応答の振幅をひずみで除すと，それぞれに起因する
弾性率である貯蔵弾性率 G' および損失弾性率 G'' が求められる．そして，
粒子凝集構造が主体的になればスラリーは固体的に振る舞うことになり，
貯蔵弾性率が損失弾性率よりも大きくなる．

$$G' = \frac{\sigma_0}{\gamma_0}\cos\delta, \ G'' = \frac{\sigma_0}{\gamma_0}\sin\delta$$

(3·4)

　試料内部構造と粘弾性の関係について考える．異なる凝集状態にある
粘弾性測定結果の一例を図 3·3 に示す．ひずみが十分小さければ振動ひ
ずみを印加しても内部構造は破壊されないので，弾性率一定となる線形
粘弾性領域（Linear viscoelastic regime）が見られる．ひずみを大きくす
ると内部構造は破壊され，弾性率は著しく減少する．したがって，粒子
同士が強く凝集していると，僅かな変形に対して大きな応力を生じ，内
部構造は容易に破壊される．このような「強固かつ脆い」凝集構造は，
図 3·3a における○で表されるように線形域の弾性率は高く最大ひずみ
は小さい．そして，粒子間の凝集強度が低下すると同図の●で表される
ように弾性率は低下し，凝集構造が容易に破壊されないので線形粘弾性
領域は広がり，「柔軟な」凝集構造の存在が示唆される．さらに，分散が
進むと同図の●で表されるように線形領域は拡大するが，分散状態がそ

れ以上変化しなくなると線形領域は殆ど変化しなくなる．このような，弾性率のひずみ依存性を調べる手法はひずみ分散測定と呼ばれる．

一方で，線形域に相当する微小ひずみを最大振幅として，振動周波数を変えながら弾性率を調べることもある．低周波数で変形が遅い場合には，せん断速度が小さいので，相対的にひずみに起因する応力すなわち弾性が支配的となる．逆に，高周波数では粘性の影響が大きくなる．高濃度スラリー内の凝集体が「強固かつ脆い」なら，図3・3bの○で表されるように緩やかな変形に対しては粒子凝集構造の弾性的な挙動が検出され，第二平坦部（Second plateau）と呼ばれる周波数によらずに弾性率が一定値を示す領域が見られる．逆に，「柔軟な」凝集構造であれば，粒子間には構造破壊を伴わない程度の変形が許容されるので，同図の●のように第二平坦部の弾性率は低下し，低周波数から弾性率が周波数依存性を示す．このような，弾性率の周波数依存性を測定する手法は周波数分散測定と呼ばれる．

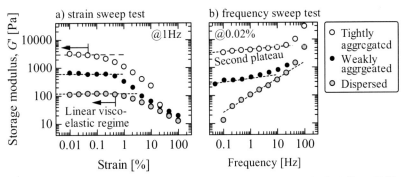

図3・3　ひずみ分散および周波数分散測定結果と粒子凝集状態の関係

3.3 レオロジーを活用した分散過程解析

前章にて概説した通り粘度および粘弾性が分散液内部の粒子凝集構造と密接に関係している点に注目し，粒子分散工程における内部構造の変化をレオロジーの観点から考察した事例を紹介する．

3.3.1 燃料電池触媒層スラリー分散中の粘度変化 [5]

固体高分子形燃料電池（PEFC）の触媒層は，触媒を担持した粒子径約20nmの炭素粒子（以降，触媒粒子と呼ぶ）と高分子電解質（Nafionが代表例として知られている）溶液から成る粒子分散液を塗布乾燥して作製される．触媒層の最適組成は，乾燥後基準でNafion=30～50wt%とされている．そこで，最適組成およびNafion不足組成の分散液について，粘度を指標として粒子分散状態の観点から最適組成の意義について考察した．

3.5wt% Nafion溶液に異なる量の触媒粒子を添加し，乾燥後Nafion重量分率が20, 33wt%（分散液中粒子体積分率ϕ = 0.035, 0.018）となる分散液を作製した．Nafion含有率は，ϕ = 0.018は最適，ϕ = 0.035は不足条件に相当する．異なる撹拌時間の分散液を用いて見かけ粘度を測定し，分散液を塗布乾燥して厚さ5～10μmの触媒層を作製した．

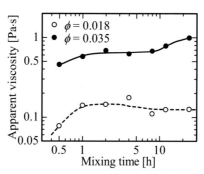

図3·4　燃料電池触媒スラリーの粘度変化($200s^{-1}$)

図3·4に示したみかけ粘度の経時変化に着目すると，分散初期には塊状の粒子が破壊・分散されたことで固液接触面が増大し，粘度は増大することがわかる．その後，いずれの組成でも一度は粘度変化が見られずに，分散安定状態に到達したと考えられる．しかしながら，Nafion不足条件では撹拌8時間以降に粘度が再増加した．これはせん断速度の低下に伴って粒子が凝集すると粘度が増大する挙動と同じように，同一せん

断速度下において触媒粒子の凝集が進んだことすなわち再凝集したことが示唆された．

粘度変化から示唆された分散安定化挙動の違いを粒子に対するNafion吸着および乾燥後の細孔構造の視点から考察した．分散媒中の未吸着Nafion濃度から算出した触媒粒子に対するNafion吸着量の経時変化を図3・5aに示す．これより，Nafion不足条件下では飽和吸着に到達すると粘度が再増加することがわかった．さらに，図3・5bに示した触媒膜内の孔径0.1μmの細孔容積の変化から，Nafion不足条件では粘度再増加と細孔容積の減少が良好に一致することがわかった．したがって，吸着飽和に到達すると触媒粒子が再凝集し，乾燥後に粒子間空隙が減少すると考えられた．

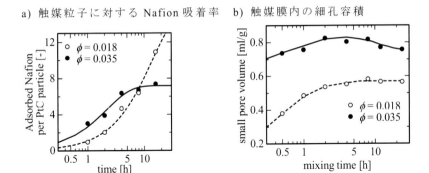

図3・5 Nafion吸着量および触媒層細孔容積に対する分散時間の影響

触媒粒子の再凝集は，触媒粒子に対するNafionの吸着挙動と密接に関係している．すなわち，Nafionが十分存在すれば分散された触媒粒子の表面が吸着したNafionにより被覆されて分散安定化が実現できる．しかしながら，Nafionが不足していれば吸着したNafionを介して粒子が再凝集して粒子が密充填されたと考えられる．そして，Nafion不足条件ではNafionが局在化するので，再凝集することで発電性能は低下することになった．したがって，粒子分散の観点から考えると，Nafionは触媒粒子

の分散剤として機能しており，最適量とは分散安定化に必要な濃度であると言える．

3.3.2 リチウムイオン二次電池負極スラリー分散過程の粘弾性解析[6]

　リチウムイオン電池負極スラリーの分散工程では，分散条件が適切でなければスラリーが"だんご状"になり，適切な分散が行えなくなることが知られている．このような著しく発達した内部構造が形成されるスラリーに対して見かけ粘度による凝集性評価を行おうとしても，粘度測定時にはせん断が印加されてその内部構造は破壊されるので，内部構造が形成される過程は評価できない．そこで，ここでは粘弾性測定によって凝集構造を評価した例について紹介する．

　グラファイト粒子（平均径23μm）を粒子体積分率43vol%で1wt%のカルボキシメチルセルロース(CMC)水溶液と混合し，これにせん断を印加して分散させながら，適宜サンプリングして粘弾性変化を調査した．なお，分散には自作の外筒回転式共軸二重円筒型分散装置（内円筒外径35mm，外円筒内径45mm，内円筒長さ50mm）を用いて，一定せん断速度（24，47，141，282s^{-1}に）下で粒子分散を行った．

　せん断速度・分散時間が異なる分散液のひずみ分散測定結果を図 3・6に示す．実線で示された CMC 水溶液は測定範囲内では貯蔵弾性率 G' がほぼ一定であり，CMC 分子鎖の絡み合い構造が保持されていることがわかる．これに対して，分散液の貯蔵弾性率 G' が一定値を示す線形域の最大ひずみは数%程度以下であり，それ以上にひずみが大きくなると貯蔵弾性率が低下して粒子凝集構造が破壊されることがわかる．せん断速度の違いに着目すると，せん断速度24s^{-1}では分散初期から線形域は広いが，分散の進行とともに弾性率は増加した．せん断速度47s^{-1}では分散中に大きな変化は見られないのに対して，せん断速度141，282s^{-1}では一時的に弾性率が著しく増加し，線形域はほぼ観察されなかった．したがって，高せん断速度で分散すると一時的に「強固で脆い」粒子凝集構造が形成されることがわかる．

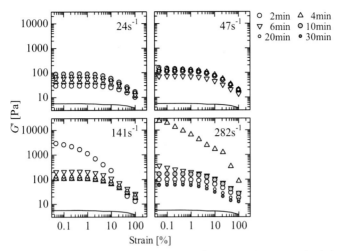

図 3·6 グラファイト分散液のひずみ分散変化に対するせん断速度の影響

次に，分散時間 2 および 10 分における周波数分散を図 3·7 に示す．全ての分散液の弾性率が 20Hz 以上で CMC 水溶液と一致したことから，分散によって CMC 分子鎖の絡み合い構造は破壊されないこと，粒子凝集構造の影響は低周波数域に現れることがわかる．せん断速度 $24s^{-1}$ では分散時間によらず弾性率の周波数依存性は変化しないが，時間とともに弾性率は増大した．分散液の固形分濃度を計測した結果，同条件では分散初期には粒子濃度が低いために分散中に弾性率が増大したことがわかった．せん断速度 $47s^{-1}$ では弾性率が殆ど変化せず，せん断速度 $141s^{-1}$ では一時的に凝集構造が発達したことで貯蔵弾性率は著しく増大し，明確な第二平坦部が観察された．これに対して，せん断速度 $282s^{-1}$ では 20 分分散すると 20Hz 以上の弾性率が CMC 水溶液より低くなり，CMC 分子鎖の絡み合い構造が破壊されたことがわかる．

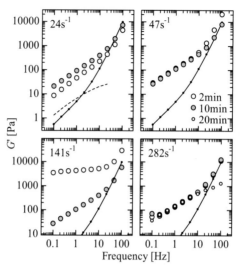

図 3·7　グラファイト分散液の周波数分散変化に対するせん断速度の影響

　これらの結果を踏まえ，せん断速度 24 および 282s^{-1} での分散過程を模式的に図 3·8 に示した．粒子間に作用する引力の大きさの指標であるハマカー定数が大きく密度の高いグラファイト粒子は同図左のように分散前には容器底部に凝集沈降層を形成する．分散時のせん断速度が低ければ，同図右上のように沈降層表層の粒子だけは浮遊し，その表面に CMC が吸着することで分散安定化されるが，浮遊した粒子は全体の一部でしかないので分散液上層部の粒子濃度は仕込み組成よりも低くなる．これに対して，せん断速度が高くなると，同図右下のように強く結合して沈降していた粒子の殆どは浮遊するが，分散開始直後にはその粒子表面に CMC が十分には吸着できず，結合状態を維持した粒子が系全体に広がることで，粒子凝集構造がネットワーク状に広がり，これが著しい弾性率の増大を引き起こしたと考えることができる．

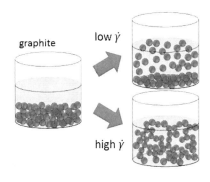

図 3・8 グラファイトの分散過程に対するせん断速度の影響

3.4 塗布時のせん断作用が乾燥に伴う粒子充填過程に及ぼす影響

　粒子分散液塗布膜の乾燥工程においては，粒子が形成する充填構造やそれに対する分散液内部構造の影響を理解することが求められる．さらに，粒子分散液内部の凝集構造は，塗布時に印加されるせん断履歴に応じて破壊されることが考えられ，破壊後の構造は乾燥工程の初期状態となる．本節では，幾つかの分散液について塗布操作と乾燥後の膜構造や乾燥中に構造変化を調べた例について紹介する．

3.4.1 燃料電池触媒膜の構造に対するせん断速度の影響 [7)]

　3.3・1 で述べた通り燃料電池触媒膜の分散液は，触媒粒子と Nafion 溶液から構成されている．乾燥後の Nafion 重量分率 33wt%が最適濃度と考え，それよりも触媒粒子を過剰添加することで様々な組成の分散液を準備した．各分散液の見かけ粘度は図 3・9 に示すとおり顕著な shear-thinning 性を示しており，せん断速度の増加に応じて粒子凝集構造が破壊されることがわかった．したがって，いずれの組成の分散液であっても，塗布時のせん断速度が高くなると見かけ粘度が低下することから，一時的であっても分散性は向上することが考えられた．そこで，せん断速度 200，$1000s^{-1}$ となるようにドクターブレードを用いて分散液を塗布

し，オーブンで乾燥することで触媒膜を作製した．なお，せん断速度は塗布速度をドクターブレードのギャップで除して求めることができる．

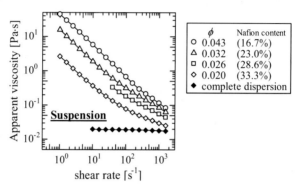

図 3・9 粒子体積分率の異なる触媒膜用分散液の見かけ粘度

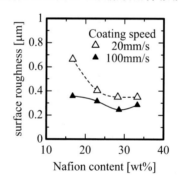

図 3・10 触媒膜表面粗さに対する分散液組成および塗布速度の影響

このようにして得られた触媒膜の表面粗さを調査した結果を図 3・10 に示す．これより Nafion 比率が低い場合には，高速で塗布することで表面粗さが低下することがわかる．触媒粒子濃度が高い分散液はせん断速度の増加に伴い粘度が大きく減少することから，粒子凝集構造が高せん断速度下で破壊され，粒子が緻密に充填されたと考えられる．これに対して，低粒子濃度系では高せん断速度で粘度変化が小さいので，高速で塗布を行っても触媒膜の充填密度は変化しないと考えられる．

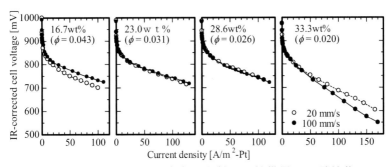

図 3·11　異なるせん断速度で作製した触媒層の発電性能

これらの触媒膜を用いて発電性能の評価を行った結果を図 3·11 に示す．同図中では同じ電流密度で高い出力電圧が得られれば，セル性能が高いと言える．したがって，高せん断速度で表面粗さが減少した乾燥後 Nafion 重量分率 16.7wt%の系では高速塗布により発電性能が向上したが，それ以外の組成では塗布速度による違いは見られず，逆に 33.3wt%の分散液では高速塗布により性能が低下した．この分散液は粘度が低く，高速塗布では一様な厚さの塗布膜が得られず，その結果，乾燥ムラなどにより触媒膜は不均質となり，発電性能が低下したと考えている．このことから，均質な塗布膜を得るには分散液粘度はある程度高くあるべきで，さらに粒子充填密度向上には高速塗布が望ましいことが示唆された．

3.4.2 膜厚変化を利用した乾燥過程解析方法 [8]

前節で紹介した検討では，乾燥後の膜構造にしか注目していなかった．しかしながら，乾燥後の特性値に違いが生じるのであれば，乾燥中の何らかの指標に着目し，乾燥中の経時変化を調べることで，膜構造形成過程について深く考察することができる．塗布膜の乾燥過程解析には，重量変化や温度変化から乾燥速度を直接もしくは間接的に算出する方法がよく知られている．これに対して，我々は膜厚の変化から薄膜の充填過程を調べる手法を提案している．ここではその詳細について述べる．

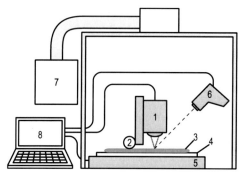

1. レーザー変位計
2. ドクターブレード
3. 塗布膜
4. ヒーター
5. 電動ステージ
6. 非接触温度計
7. 恒温恒湿空気供給器
8. パソコン

図 3·12　塗布膜の膜厚変化計測システム

　実験装置の概要を図 3·12 に示す．実験装置では，電動ステージを水平方向に移動させることで基板上に分散液を塗布し，塗布直後から膜厚変化をレーザー変位計により計測する．また，乾燥速度に対応する表面温度変化も同時に計測できる．加えて，基板下部のヒーターにより乾燥速度を制御し，全ての実験装置は温湿度が制御されたチャンバー内に設置されている．これらの装置を用いて計測される結果の一例を図 3·13 に示す．4wt%ポリビニルアルコール(PVA)水溶液の場合，同図 a に見られるように膜厚は乾燥初期約 15 分間に一定勾配で減少するが，それ以降は殆ど変化しなくなった．膜厚減少速度すなわち乾燥速度が一定であるときは定率乾燥期間に相当し，表面温度もほぼ一定となることがわかる．また，塗布直後に膜厚増加が見られるが，これは平板状の塗布膜がレベリングにより中央部（膜厚測定点）で盛り上がったためと考えられる．これに対して，同 PVA 水溶液にシリカ粒子（3μm）を 30vol%分散させた分散液を塗布した場合，同図 b に示すように乾燥初期約 10 分間は PVA 水溶液と同様に一定勾配で膜厚は減少するがその減少量は小さく，激しい膜厚変動を経た後に一定値に収束した．分散液組成を考慮すると，粒子がランダム充填（空隙率 36vol%）されれば，初期膜厚 60μm に対して最終膜厚は 28μm と予想され，含有 PVA 量は粒子間空隙を埋め尽くすほどの量がないことから，実際にはランダム充填より遥かに空隙

率の高い粒子膜が得られたことがわかる．加えて，分散粒子が大きい場合には，膜表面に粒子層が形成されると膜厚測定のためのレーザーが散乱されて，乾燥開始10分以降に見られる激しい膜厚変動を引き起こす．この散乱を利用することで乾燥完了後のみならず定率乾燥終了時の粒子充填状態に関する情報も取得することができる．なお，粒子分散液では，粘度が飛躍的に増大したことでレベリングによる膜厚変化は殆ど見られなかった．

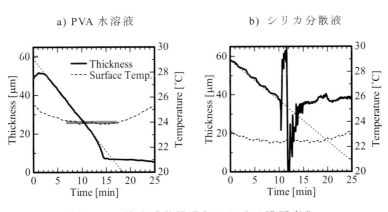

図 3・13 塗布膜乾燥過程における膜厚変化

3.4.3 水性塗料の乾燥過程に対する塗布時せん断ひずみの影響 [9]

水性塗料とは水中に100nm程度のラテックス粒子が分散された分散液であり，エマルション塗料とも呼ばれる．乾燥中にラテックス粒子は密充填され，最終的にはこれらが融着して粒子間界面は消失し，一様皮膜を形成する．ラテックス粒子は樹脂であるので，ガラス転移点と乾燥温度の関係に応じてその乾燥過程は異なると考えられる．そこで，本検討ではまず，レオロジー計測によって，樹脂の特性に応じて異なる分散液中での粒子凝集状態を明らかにした．そして，塗布時のせん断条件により分散状態を制御し，その後の乾燥過程を膜厚変化法により評価した．

まず，図 3·14a に見かけ粘度と時間分散の測定結果を示す．測定温度 25℃で剛体球分散液と見なせる Tg = 108℃ではほぼ一定粘度を示し，Tg = 27℃も同様の結果であった．一方，変形可能な粒子(Tg = -11℃)の分散液は，最も凝集構造が発達したことで高い粘度を示し，せん断速度の増大に伴って構造が破壊されて粘度は減少した．但し，粘度の変化は僅かであり，顕著に凝集状態が異なる訳ではない．

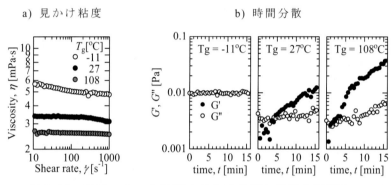

図 3·14　ラテックス分散液の見かけ粘度と時間分散測定

ところが，大振幅振動ひずみ（10,000%，1rad/s）を 90 秒印加して内部構造を十分に破壊した後に，小振幅振動ひずみ(10%，1rad/s)を繰り返し印加して弾性率の変化を調べた結果，図 3·14b に示すように同図 a とは異なる特徴が明らかになった．すなわち，Tg = -11℃では損失弾性率が一定であり，貯蔵弾性率（0.001Pa より小さく同図にはプロットされていない）よりも遥かに大きいことから，せん断印加による凝集構造変化は大きくないと言える．これに対して，Tg = 27 および 108℃では貯蔵弾性率が時間とともに大きく増大し，粒子凝集構造が著しく発達することがわかる．これらの分散液では僅かなせん断によって凝集構造が破壊されるので，粘度測定から凝集状態の違いを明らかにできなかったと考えられる．

これらの分散液を用いて，ギャップと塗布方向長さにより塗布時のせん断ひずみを制御し，乾燥中の膜厚変化を計測した．図 3·15 に示したように，乾燥初期にはレベリングの影響が見られたが，その後は一定勾配で膜厚は減少し，一定値 δ_f に収束した．定率乾燥期間を外挿して初期膜厚 δ_0 を，分散液の濃縮が終わり粒子層内の物質移動が支配的になると膜表面温度が上昇し始めると考えて濃縮完了時膜厚 δ_c を推算した．また，膜厚と初期粒子体積分率から各時点における粒子体積分率 ϕ_f, ϕ_c を算出した．

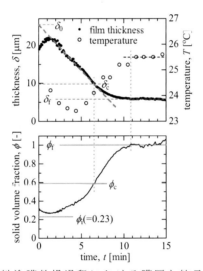

図 3·15　水性塗料塗膜乾燥過程における膜厚と粒子体積分率の変化

　図 3·16 に示したように，剛体球分散液（Tg = 108℃）の場合には，粒子体積分率にせん断ひずみの影響は見られず，乾燥後はランダム充填されたことがわかる．すなわち，全てのせん断ひずみで凝集構造が破壊され，粒子が密充填されたと考えられる．一方，その他の分散液の乾燥後体積分率はほぼ 1 となり，粒子が変形可能であったと考えられる．但し，Tg = -11℃では，ひずみが小さいと大きな凝集構造が残存し，乾燥後にも

空隙が残存し,均一被膜を形成しなかったと考えられる.また,これらの分散液の濃縮終了時における体積分率は,ひずみが小さければ剛体球分散液と同等であり,十分なひずみを印加するとランダム充填されたことがわかる.但し,Tg = -11℃では,ひずみを増大させるほど体積分率が増大し,Tg = 27℃では,体積分率が増大する臨界ひずみが存在することがわかった.これは,分散粒子凝集構造の破壊のされやすさの違いを反映していると考えられる.

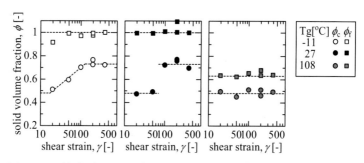

図 3・16　塗布時のせん断ひずみと乾燥中薄膜の粒子体積分率

3.4.5 ゲル化粒子分散液の塗布膜乾燥過程 [10]

　グラファイト粒子分散液のひずみ分散挙動からも明らかなように,高濃度粒子分散液は,分散安定化後にも粒子同士が何らかの相互作用によって凝集構造を形成し,印加されるひずみに応じてその構造は破壊される.したがって,塗布時に印加されるひずみに応じて乾燥工程の初期条件が異なり,これが乾燥プロセスや最終的に得られる膜内部構造に影響を及ぼすと考えられる.このような微小ひずみ下では内部構造が破壊されない粒子分散液の一例として,ここではゲル化粘土粒子分散液を取り上げ,これに異なるひずみで塗布したときの乾燥過程の違いについて調べた例を紹介する.

　粘土粒子分散液は粒子体積分率とゲル化剤濃度によってその強度および破壊挙動を制御することができる.しかしながら,ひずみ分散測定で

は振動ひずみが印加されることから、塗布時の破壊挙動とは必ずしも対応しない。そこで、レオメーターの回転速度を指数的かつ連続的に増加させながら、ひずみと応力の関係を調べた。図3·17より、微小ひずみ域では、ひずみと応力が比例関係にある弾性体としての挙動が観察された。さらに、ひずみを増大させると二度応力が減少する挙動（降伏挙動と呼ぶ）が見られ、これらは内部構造が破壊されたことに相当する。但し、ひずみ0.1における一度目の降伏挙動は、内部構造の再形成を伴う破壊であり、二度目の降伏点（ひずみ=60）にてゲル化構造は完全に破壊されることがわかった。そこで、ひずみ20および200に相当する条件にて粘土粒子分散液を塗布し、粒子凝集構造が保持もしくは破壊された塗布膜を初期条件として、乾燥過程を調査した。

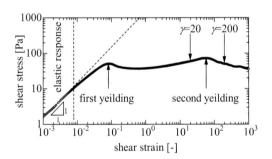

図3·17　指数的ひずみ増加に対するせん断応力の変化

膜厚変化に加えて、重量変化から算出した相当膜厚の変化を図3·18に示す。相当膜厚とは、重量減少量相当分の膜厚を初期膜厚から差し引いた値であり、塗布膜内に空隙が存在しなければ膜厚実測値と一致する。この結果から、空隙を生じるまでの乾燥過程には、分散液内部構造の違いは見られなかった。しかしながら、粒子凝集構造が破壊された場合（ひずみ200）では、膜厚および相当膜厚はそれぞれ乾燥40分および70分以降に一定値を示した。したがって、40～70分の間に塗布膜内に空隙が形成されたと言える。これに対して、凝集構造が保持された場合（ひず

み 20) には，乾燥 30 分で膜厚は一定になるが，80 分以降も相当膜厚が減少し続けることがわかった．このことから，粒子凝集構造が保持されていた場合には，溶媒を多く含んだ状態から空隙を生じ始め，さらに，乾燥速度の低下が大きいことがわかった．

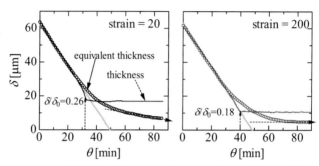

図 3・18　膜厚変化に対する塗布時印加ひずみの影響

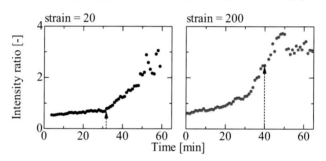

図 3・19　表面散乱変化に対する塗布時印加ひずみの影響

この時の粒子充填過程の違いを表面散乱の観点から調査した．塗布膜表面にレーザーを照射し，その散乱光の反射成分と散乱成分の強度比の時間変化を図 3・19 に示す．この値が低いほど反射成分が強く塗布膜表面は平滑であると解釈できる．したがって，粒子凝集構造が保持されている場合には，膜厚減少期間において表面構造は殆ど変化せず，60 分経過後にも表面構造が変化し続けていることがわかった．これに対して，粒子が分散された場合には，膜厚減少中に表面粗さは増大し，膜厚変化が

終了した直後（乾燥 50 分）の時点で表面構造に変化はなくなったと考えられることがわかった．

　これらの結果から，乾燥開始時に粒子凝集構造が保持されている場合には，この構造を保持したまま乾燥は進行し，溶媒を多く含んだ状態から空隙形成と表面粗さの増大が始まり，表層で粒子凝集構造が崩壊することで乾燥を抑制したと考えられる．これに対して，乾燥開始時に粒子が分散されていれば，分散液は濃縮されながら粒子は充填されるので，膜厚減少が終わった時点で粒子はほぼ密充填されており，乾燥後期における構造変化が殆ど見られなかった．

3.5 おわりに

　本稿では，レオロジーおよび膜厚変化を利用して，粒子分散液の分散過程および塗膜乾燥過程を解明する手法について概説した．粒子分散液の塗布乾燥によって様々な製品が作り出されているにも関わらず，分散および乾燥工程を定量的に評価する手法は未だ確立されていない．さらに，非常に高い性能が期待される材料であっても，これらのプロセスが経験的に決定されており最適化されていないことで，十分な機能を発現できていないことも少なくない．

　本稿で紹介した評価手法は機器を購入すれば直ぐに理解できる類の方法論ではないが，分散・塗布・乾燥過程を，粒子凝集構造の形成，そのせん断に対する応答や乾燥に伴う構造変化と捉え直すことがプロセス構築には欠かせない視点である．

参考文献）

1) Einstein, A.; Ann. Phys, 19, 289-306 (1906)

2) Krieger, I. M., Dougherty, T. J.; Trans. Soc. Rheol., 3(1), 137-152 (1959)

3) Simha, R., J. Appl. Phys., 23(9), 1020-1024 (1952)

4) Quemada, D.; Rheol. Acta, 16(1), 82-94 (1977)

5) Komoda, Y., Okabayashi, K., Nishimura, H., Hiromitsu, M., Oboshi, T., Usui, H.; J. Power Sources, 193(2), 488-494 (2009)

6) 菰田悦之、地崎恭弘、鈴木洋、出間るり；粉体工学会誌，53(6)，27-35(2016)

7) Komoda, Y., Ikeda, Y., Suzuki, H., Usui, H., Ioroi, T., Kobayashi, T.; J. Chem. Eng. Japan, 40(10), 808-816 (2007)

8) Komoda, Y., Kimura, R., Niga, K., Suzuki, H.; Drying Technol., 29(9), 1037-1045 (2011)

9) Komoda, Y., Niga, K., Suzuki, H.; J. Chem. Eng. Japan, 48(1), 87-93 (2015)

10) Komoda, Y., Kobayashi, S., Suzuki, H., Hidema, R.; J. Coat. Tech. Res., 12(5), 939-948 (2015)

第4章　ファインバブルの基礎と展望および国際標準化

4.1 気泡の歴史

　化学産業で利用されている操作は，気体と液体が関係する系や，気体と液体と固体が関係する系が多く，気泡の取り扱いは重要である．ミリメートルオーダーの気泡が液中を上昇する際の挙動や，気泡の生成については，19世紀に流体力学などの分野で研究が始められて以降，現在でもさまざまな分野において研究されている．化学工学の分野においても，1950年前後から気泡に関する研究が始まっている．特に，連続相に液相，分散相に気相を用いた気泡塔や気泡攪拌槽，連続相に気相，分散相に液相を用いたスプレー塔などの化学装置はガス吸収・放散操作などに重要である．そのため，気液系に関して基礎現象を把握し，化学装置設計にフィードバックさせる研究が活発に行われるようになっている．

　水は表面張力が高いため，通常の曝気操作では100 μm以下の気泡を発生させることは困難であったが，気液2相流を流体力学的にせん断させたりすることにより直径が50 μm以下の微細気泡を発生させることが可能となった．1990年代にはマイクロバブル発生装置が開発され，広島のカキ，北海道のホタテ，および三重の真珠の養殖に利用され，その成長促進効果によりマイクロバブルは脚光を浴びるようになった．さらに，直径が1 μm以下の当時ナノバブルと呼ばれた気泡に関する研究も行われ，液晶テレビパネル工場の有害廃水の生物化学的処理に応用された．現在では，養殖産業，農業，水質浄化，医療，船舶抵抗低減などのさまざまな分野において実用化されている．

4.2 ファインバブルの基礎

　近年，日本初の革新的技術として着目されている微細気泡について，産業発展の前提となる規格の創成，認証技術の確立などの実施が，関連産業の発展や関連技術開発の進展のために強く求められ，経済産業省の指導の下で2012年に世界初の業界団体として，一般社団法人ファインバブル産業会が設立された．さらに2013年に日本国提案により国際標準機構（ISO）にファインバブル技術

専門委員会が設立された．まもなく図4・1のような気泡径による呼称が定義される予定である．液体中で約1〜100 μm程度の平均直径を有する気泡は「マイクロバブル」，約1 μm以下の平均直径を有する気泡は従来「ナノバブル」と呼ばれていたが，「ウルトラファインバブル」と読み替えられた．マイクロバブルとウルトラファインバブルとを合わせた微細気泡を「ファインバブル」と総称される．また，図4・2に従来のミリメートルオーダーのミリバブルとファインバブルの液中での挙動の模式図を示す．

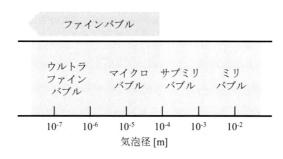

図4・1　気泡径による呼称の分類

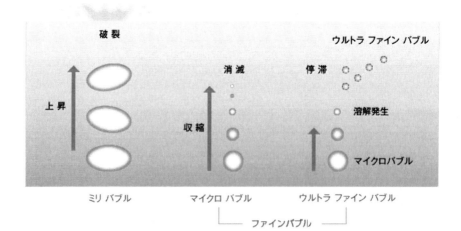

図4・2　ミリバブル・マイクロバブル・ウルトラファインバブルの液中での挙動

さらに 2015 年に信頼できる気泡関係の学協会（化学工学会粒子・流体プロセス部会気泡・液滴・微粒子分散工学分科会，化学工学会反応工学部会マイクロナノバブル研究会，日本混相流学会マイクロバブル・ナノバブル技術分科会，日本ソノケミストリー学会，ファインバブル産業会）を会員としたファインバブル学会連合が創設され，ファインバブルサイエンスの発展と教育を担って活動を開始した．

4.3 ファインバブルの発生方法・計測方法

マイクロバブルやウルトラファインバブルの発生方法として，数種の方式が提案されており，多種多様な製品が販売されている．発生原理や操作条件によって，生成するファインバブルの気泡径や気泡径分布，さらには気泡の寿命は異なる．ここでは，マイクロバブル代表的な発生方法を紹介する．

(1) 旋回液流式

　円筒状の発生器本体側面から接線方向にポンプを用いて液を高速で圧入し，内部に高速旋回流を発生させる [1]．この液回転運動に起因した圧力降下を利用し，下端面の小孔よりガスを吸引し，上端面の小孔でせん断力により破砕される．本手法で生成する気泡径分布幅は一般的に 10〜50 μm で，気泡生成量は加圧溶解式と比較すると少ない．

(2) スタティックミキサー式

　流路内の構造を複雑化させることで，機械的破砕操作をともなわずに，液の流通駆動力により発生した主として渦流由来の大きな粘性せん断力によって気体を破砕させる [2]．本手法で生成する気泡径分布幅は一般的に 5〜50 μm である．

(3) ベンチュリー式

　ベンチュリー管のように管路断面積の縮小と拡大をもつ流路に高速で気泡を含有させた液を通過させることで，急激な圧力変化により気泡を激しく崩壊させる [3]．本手法で生成するマイクロバブルとしては比較的大きく平均 100 μm 程度である．

(4) 微細孔式

　シラス多孔質ガラス(Shirasu Porous Glass)膜や高分子膜のような微細孔膜面に

沿った高速液流により膜を通して液中に注入されたガスをせん断して微細化させる[4]. 膜孔径が 84 nm の SPG 膜では 1 μm 程度でシャープな粒径分布を有する気泡を発生させることができる.

(5) 加圧溶解式

気液の混合物を加圧し, ガス成分を液中に過飽和まで溶解させ, 未溶解気泡を分離し, 過飽和液のみを減圧弁を経て常圧液中にフラッシュさせることで, 過飽和分のガス成分が水中から微細気泡として析出する.

(6) 混合蒸気直接接触凝縮式

窒素などの非凝縮性ガスを含んだ加圧水蒸気をノズルから冷却水中に噴射させる. 生成した蒸気泡は冷却され加圧水蒸気は凝縮するが, 非凝縮性ガス成分のみ液化せずに微細気泡として分散される[5]. 窒素と水蒸気の混合蒸気を用いると平均径 22 μm の窒素気泡が得られる.

(7) 電気分解式

水の電気分解により電極から水素気泡と酸素気泡が同時に発生する. 最適操作条件に調整すると, 陰極からは水素が微細気泡として発生する.

上記のマイクロバブル発生方法は, 液駆動をともなう必要の有無, 気泡のガス成分の選択, 気泡径などについてそれぞれ長所と短所があり, 用途に応じて使い分ける必要がある.

一方, マイクロバブルよりも小さく, おおむね 100〜200 nm に気泡径の最大ピークを有するものが多いウルトラファインバブルは, 現在はマイクロバブルを原料として製造させる技術が主流となっている. 最初に旋回液流式, あるいは加圧溶解式マイクロバブル発生装置で液体中にガスをマイクロバブル化して白濁させたのち, 適切な条件下で急速収縮させつつ過剰なマイクロバブルを浮上分離させることで, ウルトラファインバブルが分散した溶液が得られる. ここで, ウルトラファインバブルのサイズは可視光の回折限界よりも小さいため, 肉眼や光学顕微鏡では観察することができず, ウルトラファインバブルが分散した溶液は透明となる.

ウルトラファインバブルの計測には, 気泡を維持するために液相と気相を排除しないで測定できる原理が必要となり, 主としてレーザーを利用した手法が

用いられており，レーザー光を照射された粒子から発せられる散乱光を利用したレーザー回折・散乱法，粒子のブラウン運動の速度を利用したブラウン運動追跡法，動的光散乱法などが挙げられる．また，電気的検知帯法(コールター原理)や共振式質量測定法を用いた計測器も開発されてきている．表4·1に主な測定原理と代表的な測定機器を示す．これらの測定手法や装置では，測定範囲，体積基準もしくは個数基準での測定，不純物を含まない系のみでの測定など特徴があり，用途や対象に合わせて適切に選定する必要がある．

表 4·1 ファインバブルの主な測定法

原理	製造企業	測定範囲
レーザー回折・散乱法	島津製作所	10 nm - 300 μm
動的光散乱法	マイクロトラックベル	0.8 nm - 6.5 μm
ブラウン運動解析法	マルバーン	30 nm - 1 μm
	マイクロテック・ニチオン	20 nm - 100 μm
ミー散乱計測法	リオン	100 nm - 1 μm
電気的検知帯法	ベックマン・コールター	400 nm - 1600 μm
共振式質量測定法	マルバーン	50 nm - 5 μm

4.4 ファインバブルの特徴

前節までに示したように，ファインバブルは発生方法が異なると生成する気泡径などが異なるが，従来よく目にする数 mm から数 cm のミリバブル，センチバブルとは主に下記のような性質の違いがある．

(1) 上昇速度が小さい

(2) 単位体積当たりの表面積が大きい

(3) 自己加圧効果をもつ

(4) 表面電位特性が顕在化する

ファインバブルの上昇速度(U)は被物性に依存するが，水中では直径が 100 μm 程度でレイノルズ数(Re)がほぼ 1 になる．Re が 1 以下では，球形気泡界面の流動状態により，気泡球として振る舞う Hadamard-Rybczynski の式(4·1)，もしく

は固体球として振る舞う Stokes の式(4・2)がよく用いられる.

$$U = \frac{(\rho_L - \rho_G)gd^2}{12\mu_L} \qquad (4 \cdot 1)$$

$$U = \frac{(\rho_L - \rho_G)gd^2}{18\mu_L} \qquad (4 \cdot 2)$$

ここで, ρ_L, ρ_G, g, d, μ_L はそれぞれ液密度, ガス密度, 重力加速度, 気泡径, 液粘度を表す. ファインバブルの上昇速度を測定した既往の研究では, Hadamard-Rybczynski の式に従うという結果と, Stokes の式に従うという結果の両方が報告されているが, Stokes の式に従う研究結果が多い.

例題 4・1   次の(a) – (d)の大きさの気泡(ガス密度 1.20 kg m^{-3})が液粘度 1 mPa s, 液密度 1000 kg m^{-3} の水中に存在したときのそれぞれの上昇速度を Hadamard-Rybczynski の式, および Stokes の式を用いて求めよ.

(a) 10 nm, (b) 100 nm, (c) 1 μm, (d) 10 μm, (e) 100 μm

(解)   (4・1), および(4・2)を用いて上昇速度を計算すると表 4.2 のように求めることができる.

表 4・2   各気泡径における上昇速度

d	U [mm/s]	
	H-R 式	Stokes 式
10 nm	8.15687E-08	5.43791E-08
100 nm	8.15687E-06	5.43791E-06
1 μm	0.000815687	0.000543791
10 μm	0.081568667	0.054379111
100 μm	8.156866667	5.437911111

また, 体積 V の気体で直径 d の球形気泡が n 個生成すると, 単位体積当たりの気液界面積は式(4・3)のように表され, 気泡径の減少とともに増大する.

$$\frac{A}{V} = \frac{\pi d^2 n}{V} = \frac{6}{d} \qquad (4 \cdot 3)$$

一方，気泡内の圧力は Young-Laplace の式(4・4)で表すことができる．気泡内圧力は，表面張力 σ の影響で気泡周囲の圧力よりも ΔP だけ高くなる．

$$\Delta P = \frac{4\sigma}{d} \tag{4・4}$$

水中(表面張力 72.8 mN m^{-1})の空気泡の気泡径と気泡内圧力の関係を表 4・3 に示す．ただし，気泡周囲の圧力は 1 atm とする．気泡径が小さくなるほど，気泡内圧力は高くなり，特に 1 μm 以下では気泡内圧力が飛躍的に高くなり，もはや Young-Laplace の式の成立の保証はない．よって，気泡が収縮すると気体溶解成分の分圧が高くなり，ヘンリーの法則より，溶解の推進力が大きくなり，溶解が起こりやすくなる．この効果を自己加圧効果と呼ぶ．

表 4・3　気泡径と気泡内圧力の関係

d	ΔP [atm]
1 μm	3.875
10 μm	1.287
100 μm	1.029
1 mm	1.003

気泡が通常のミリバブル，センチバブルと比べて小さいファインバブルになると，上昇速度が小さく，気液界面積が増大するため，ガスの液中への溶解が促進される．ガスの溶解にともない気泡が収縮し，気泡内圧力が増大し自己加圧効果によりさらに溶解が促進される．さらに，気泡が収縮していくと気泡内は高圧となり，最終的には圧壊しフリーラジカルが発生するとも言われている．水中に超音波を照射すると，音圧変動の過程で負圧時に発生したキャビテーション気泡が急激な膨張・収縮を繰り返し，その速度が非常に速いために断熱圧縮的な作用により気泡内の温度も急激に高くなり，圧壊時には数千度・数千気圧の高温高圧場を形成し，ヒドロキシルラジカルなどのフリーラジカルを発生させることが知られており，ファインバブルの収縮時にも同様の現象が起きると想像されている．しかし，超音波照射時の音圧変動によるキャビテーション

気泡の膨張・収縮過程の時間に比べ，ファインバブルの収縮過程の時間は長く，フリーラジカルが形成されるかどうかについては，さらなる実証・検証が必要な状況である．

　また，ファインバブルの表面電位について，電気泳動装置による測定した結果が報告されている．蒸留水中でのファインバブルのゼータ電位に気泡径がおよぼす影響が報告されている[6]．−30〜−40 mV で負に帯電しており，気泡径はゼータ電位にほとんど影響をおよぼさないことが示されている．また，塩酸，もしくは水酸化ナトリウムで pH 調整した際，液相の pH がファインバブルのゼータ電位におよぼす影響も同様に検討が行われており[6]，中性から塩基性条件下では負に帯電し，特に強い塩基性条件下では−100 mV 程度になる．一方，強い酸性条件下では 0 mV，もしくは正に帯電し，ファインバブルの pH が 3〜5 程度の間に等電点を持つことが示唆されている．さらに，液相に塩化ナトリウムや塩化マグネシウムなどの塩を添加すると，塩添加濃度の増加とともにゼータ電位は低下することが報告されている．気泡径が約 750 nm のウルトラファインバブルのゼータ電位に pH がおよぼす影響についても調べられており，前述のファインバブルと同様の傾向が報告されている[7]．

　1990 年代に気泡径数十 µm 程度のファインバブルを大量に発生させることができる装置が開発され，前述のように物理化学的特性について解明が進められてきている．同時に，広島のカキ，北海道のホタテ，および三重の真珠などの二枚貝養殖における成長促進など水産養殖では実用化され，健康・医療や食料・バイオなどの分野において生物活性作用があるとされ利用されている．また2005 年の愛・地球博(愛知万博)では，淡水魚である鯉と，海水魚である鯛が酸素ナノバブル水中で共存したなどの展示があされたが，科学的解明が十分になされていないため，本稿では詳細は割愛する．

4.5 ファインバブルの応用

　ファインバブルの工業分野への応用は非常に広く多岐にわたっている．ここでは，好気性活性汚泥による廃水処理，固液浮上分離，結晶製造，中空カプセル製造へのファインバブルの応用，および超音波を用いたファインバブルの制

御技術について簡単に紹介する.

(1) 好気性活性汚泥による廃水処理 [8]

　大規模・大容量の廃水浄化に利用されている好気性活性汚泥法では,酸素供給律速となることが多いため,供給気泡を微細化し気液接触面積を増大させることで性能向上が見込め,ファインバブルの適用が期待される.しかし,現状のファインバブル発生器の多くは液ポンプなど大きなせん断力を与える部分があるため,活性汚泥が液ポンプに流入するとフロックの破砕などによる活性の低下や,ポンプの故障などにつながる.そこで,図 4·3 に示すようなドラフトチューブ,および環状のメッシュフィルターから構成される新規曝気装置を開発した.ファインバブル発生器により酸素富化された廃水がエアリフト効果によりドラフトチューブ内を上昇し,曝気装置外側に滞在する活性汚泥へ酸素供給し,メッシュフィルターにより汚泥は浄化された水と分離され,ろ過水のみが曝気装置へ送られる仕組みになっている.そのため,汚泥は直接気泡と接触せず,また液ポンプへ供給されることもないため,ダメージを受けない.

　モデル廃水としてグルコース水溶液を用い,分解実験を行った.図 4·4 にグルコース濃度,および溶存酸素濃度の経時変化を示す.液面付近ではグルコースは徐々に分解され,180 分程度まで分解が進行しており,溶存酸素濃度は活性汚泥を駆養槽に入れている際の値に較べて高い値で一定となっている.一方,槽底付近では 75 分で 85 %以上のグルコースが分解され,それ以降分解はほとんど進行していない.また,溶存酸素濃度は実験開始直後からほぼ $0 \ kg/m^3$ で一定となっている.曝気槽外側を攪拌することにより活性汚泥は浮遊し液面付近まで分散しているが,槽底付近に較べて液面付近の菌体濃度は低かったため,液面ではグルコース分解速度が低くなったと考えられる.

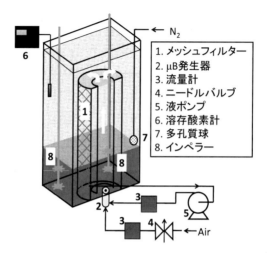

図 4・3　実験装置の概略図

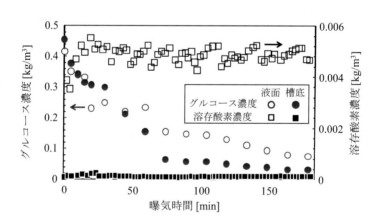

図 4・4　グルコース濃度および溶存酸素濃度の経時変化

(2) 固液浮上分離 [9, 10)

　工場排水中には環境汚染につながるために放出できない成分だけでなく，希少金属や有用物質などが混入している場合もある．そこでファインバブルを用いた浮上分離プロセスが着目されている．ファインバブルを用いた浮上分離では，水相中に懸濁するカーボン微粒子，酸化鉄微粒子などの回収物質が最初に浮上するファインバブル表面に吸着する．液面まで浮上したファインバブルは破泡・合体して泡沫層を形成し，ファインバブル表面に吸着した回収物質は泡沫に取り込まれ，一部は泡沫層から離脱して水相中に再混入する．

　図 4・5 に酸化鉄微粒子の懸濁液で満たされた浮上分離塔内のファインバブル通気前と 60 分間通気後の写真を示す．通気前は酸化鉄微粒子が懸濁して赤褐色の不透明な溶液であるのに対し，ファインバブル通気後は一部の条件では背面が透視できるほど酸化鉄微粒子を浮上分離で回収することができた．ここで，酸化鉄微粒子の回収能力に液相の pH が強く影響していることがわかる．図 4・6 に酸化鉄微粒子とファインバブルのゼータ電位の pH 依存性を示す．前述のようにファインバブルは pH が 3〜5 程度の間に等電点を持ち，同様に酸化鉄微粒子も pH が 8 程度に等電点を持ち，酸化鉄微粒子が正に，ファインバブルが負に帯電しているとき両者間に電気的引力が働き吸着が促進されることが期待される．本研究では，電位が釣り合う pH が 5 付近において顕著に吸着が促進され，浮上分離・回収が進行したと考えられる．

　ファインバブルによる浮上分離のためには，回収物質とファインバブルとの間に電気的引力，あるいは疎水性親和力が働くように液相などの制御が必要となる．また，吸着した回収物質がファインバブルの上昇運動にともなう周囲の液体との間のせん断によって剥離したり，回収物質がファインバブル表面を覆った際に比重の関係で沈降したりすることがないように浮力を調整して上昇速度を最適化することが必要となる．

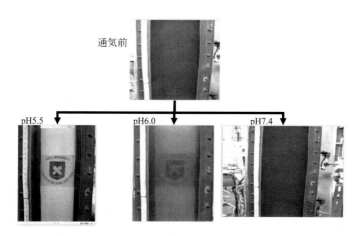

図 4・5 ファインバブルによる酸化鉄浮上分離

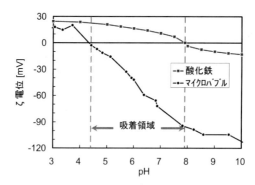

図 4・6 酸化鉄微粒子とファインバブルのゼータ電位の pH 依存性

(3) 結晶製造 [11]

ファインバブルが液中で急速に溶解収縮する性質を利用し，液中に固体を析出させる技術が開発されている．溶質を飽和濃度よりも極めて薄い濃度で溶解させた溶液中に単一のファインバブルを置くと，収縮するとともに表面に固相が徐々に析出する．静止液中に置かれたファインバブル表面には電気的引力，あるいは疎水性をもつ溶質分子やイオンが吸着する．一方，ファインバブルが収縮する過程でガス成分が溶解し，気泡表面付近の溶液のガス成分濃度が高くなる．そのため，局所的に溶質の溶解度が低下して，固体結晶として溶質を析出させることが出来たと考えられる．

(4) 中空カプセル製造 [12-14]

中空カプセルは断熱性や遮音性，低比重などの特徴を有する機能性材料であり，近年では工業分野だけでなく超音波診断やドラッグデリバリーシステムなど医療分野へも利用されている．中空カプセルの一般的な製法には，マイクロカプセルの芯物質として膨張材を用いて空洞を形成させる方法や，固体や液体を芯物質としたマイクロカプセルを作製後，芯物質を溶解，蒸発，置換，加熱分解などにより除去する方法がある．しかし，作製したマイクロカプセルの芯物質の除去プロセスが必要になる．一方，ファインバブルの表面で直接膜を形成させて中空カプセルを直接作製するバブルテンプレート法が提案されている．Daiguji らによりファインバブル表面をメラミンホルムアルデヒド樹脂膜で覆った中空カプセルの製造に成功し [12]，Makuta らはファインバブル表面をポリ乳酸樹脂で覆った中空カプセルの製造に成功している [13]．さらに，超音波を用いたファインバブル発生技術を用いて 10 μm 以下のシアノアクリレート中空カプセルの容易な製造方法が確立されている [14]．

(5) 超音波を用いた制御技術 [15, 16]

ファインバブルは気液接触面積が大きく，液中での滞在時間が長いなどの特徴があるため，ガス吸収，気液反応，および浮上分離などにおいて有用であると期待される．一力，液中に放たれた気泡の挙動は，浮力と液流動に支配されるため，外的操作による動的制御は困難であり，とくにファインバブルは液中に放たれると長時間安定に滞留するため，後処理プロセスのトラブルにつなが

ることがある.そこで,液中に分散したファインバブルの動的挙動の制御手法の確立が求められている.センチバブルやミリバブルといった標準的な気泡の脱泡手法として,浮上分離,ろ過分離,真空脱気,遠心分離などがあるものの,マイクロバブルの脱泡手法はほとんど研究されていない.

一方,液体中の微小物体を非接触で操作する技術として超音波マイクロマニピュレーション技術が着目されている[17].流体中を進む超音波を物体で遮ると,その物体を音の進行方向に押す力が現れる.この力は音響放射圧と呼ばれ,非接触で物体に力を作用させることができ,微弱であるが,超音波を集束したり,定在波を生成させたりすることで微小領域への力の集中が可能となり,細胞のような微小で壊れやすいものを凝集・濃縮・分離などさせる必要のあるバイオテクノロジー分野などへの応用が期待されている.超音波マイクロマニピュレーション技術を液中に分散したファインバブルの凝集・再分散挙動のための非接触操作として適用することで,ファインバブルの化学工業への応用が可能になることが期待される.

図4・7に2.4 MHzの超音波照射下におけるファインバブル群の動的挙動の代表的なスナップショットを示す.一般的に,ファインバブル同士は電気的反発力により凝集・合一が起こりにくいと考えられている.超音波照射前ではファインバブルは均一に分散している様子が観察される.ところが超音波照射を開始すると,ファインバブル同士が接近し,葡萄状に凝集し,帯状凝集体に発達する.そのため,浮上速度が増大して急速に液中から離脱する.しかし,ファインバブル同士の合一はほとんど観察されない.一方,超音波照射を停止するとファインバブル凝集体が壊砕して液中に再分散する.

液中に分散する気泡に超音波を照射すると,浮力だけでなく,Bjerknes力が働き,波の腹,もしくは節から斥力を受ける.気泡径が共振径に比べて大きい場合には,気泡は腹から斥力を受けることにより節に追いやられる方向に,気泡径が共振径に比べて小さい場合には,気泡は節から斥力を受けて腹に追いやられる方向にBjerknes力を受ける.式(4・5)に超音波周波数と共振半径の関係を示す.

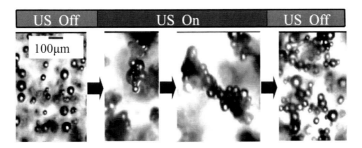

図4・7 超音波照射下におけるマイクロバブル群の動的挙動

$$f = \frac{1}{2\pi R}\sqrt{\frac{3kP}{\rho}} \qquad (4・5)$$

ここで，f, R, k, P, および ρ はそれぞれ超音波周波数，共振半径，定圧熱容量と定積熱容量の比，液体の圧力，および液体の密度を表す．本研究で用いた 2.4 MHz の超音波では，共振径は 2.74 μm となり，ファインバブルの気泡径は共振径と比較して大きいため，腹から斥力を受けて節に気泡が集められる．

超音波の周波数を変化させた際にも，共振径が変化し気泡同士が腹，もしくは節へと集められ凝集する位置が異なるが，凝集体を形成して浮上速度が速くなり液中から急速に離脱する．一方，周波数が異なると波長も変化するために，気泡が斥力を受ける腹と腹，もしくは節と節の長さが変化し，ひとつの凝集体を形成するファインバブルの数や凝集体の形状に影響をおよぼし，上昇速度が異なると推測される．さらに，界面活性剤添加や溶液の pH 調整によるファインバブル同士の反発力が，ひとつの凝集体を形成するマイクロバブルの数，凝集した気泡同士の合一の有無に影響をおよぼすことを明らかにしている．

4.6 国際標準化

ファインバブルの特性，および工業分野への応用の一部を前節までに紹介してきた．ファインバブルの発生方法は複数種類あり，それぞれ気泡密度，気泡径分布などが異なるため，用途に応じて使い分ける必要がある．さらに，同じ

発生方式の装置でも操作条件により気泡密度，気泡径分布などが異なってくるため利用する際には注意が必要であるが，ファインバブルの特性を十分に理解しないままに各種プロセスへファインバブルの導入を検討する結果，同様の実験を行っても研究機関ごとに異なる結果が得られるケースも見られる．また，ファインバブルの中でもウルトラファインバブルは，気泡径が光の波長より小さく透明な溶液となるため，目視で観測することができない．一方，前節で紹介したようにファインバブルはさまざまな用途への応用の可能性があり，近年多くの発生器が研究・開発されてきている．従来は困難であったウルトラファインバブルの計測も，気泡のブラウン運動の様子から計測する手法など計測技術の進歩により，比較的正確に，かつ定量的に計測することが可能になってきた．そのため，一部の液中のウルトラファインバブル含有量が著しく少ない，もしくは 0 の製品が出回ることで，ファインバブル市場の信頼を揺るがすことを避けることが可能な技術が確立されてきている．そこで，2012 年 7 月に一般社団法人ファインバブル産業会(FBIA)が設立され，ファインバブルの発生装置，計測装置，利用に関連する企業，研究機関，大学が連携し，経済産業省からの支援を得ながら活動が進められてきている．

　FBIA の活動の中で重要なテーマの一つにファインバブル技術の国際標準化の推進が掲げられている．そのために，国際標準化機構(ISO)での新たな Technical Committee(TC)設立を日本工業標準調査会(JISC)へ提案し，JISC から ISO へ提案した結果，2013 年 6 月に ISO の Technical Management Board 会議にて承認され，ISO/TC281 が設立され日本が国際幹事国となった．2013 年 12 月には京都にて第 1 回会議が開催され，健全なファインバブル産業創成に向け，日本主導のもとで英国，フランス，ドイツ，ロシアなどの欧米のみならず，中国，韓国，タイなどのアジアも含めた 8 か国の代表が参加し，加速的に国際標準化が推進され[18]，2016 年 7 月にはシドニーで第 4 回 ISO/TC281 会議が開催される予定であり加速度的に発展している．

　国際標準化のために，まずはファインバブル，およびウルトラファインバブルが何かという定義や用語を明確にする必要がある．従来用いられていたナノバブルという語句が，欧米で懸念されているナノリスクと混合されるためウル

トラファインバブルに置き換えられ，気泡径による呼称の分類は図 4・1 のように便宜的に与えられている．また，気泡径だけでなく，液中での気泡数密度，液中での滞在時間などのファインバブルの特性などのファインバブル技術に関する共通基本要素の規格が求められる．また，現在もまだ新たなファインバブルの計測方法が開発され続けているが，気泡径，気泡数密度，ゼータ電位など各種特性の計測における条件などの計測方法の規格が求められる．さらに，多岐にわたる応用分野においてファインバブル技術が応用され発展する可能性があり，洗浄効果，分離効果，潤滑効果などを活用したそれぞれの産業分野におけるファインバブル応用技術要件を規定する企画が求められる．

前述の観点から，図 4・8 に示すように，ファインバブルの定義・用語，および一般原則などの基本規格を上位規格に，ファインバブルの各種特性の計測などの計測方法規格を中位に，ファインバブルの効果や産業応用に関連する個別応用規格を下位に位置づけた三階層規格体系化を構成することで，健全な市場の形成，および世界中の人がその体系を利用することが可能になる[19]．

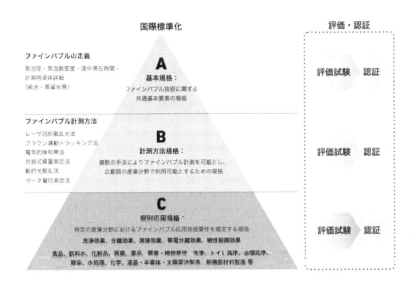

図 4・8 　ISO 国際標準化による三階層構成国際規格創成と認証

4.7 まとめ

　マイクロバブルが水産養殖などに利用されて 20 年，ウルトラファインバブルによる好気性生物化学的処理への応用がなされてから 10 年あまりが経過し，その間に新たな発生装置の開発や，計測技術の進歩があり，ファインバブルによる効果の原理についても，複数の学術分野や信頼できる学会を横断したファインバブル学会連合の設立により一層連携が強化されている．一方，ファインバブル技術は経済産業省などの支援により急速に発展し，ここでは紹介しきれないぐらい多様な分野にて利用され，その効果への期待が高まっているが，信頼のおけない製品や技術が出てくることも懸念される．そのために，国際標準化により，それらの製品・技術が市場から淘汰されることが，市場の健全な発展のために求められており，日本が主導的な立場を担っている．日本発のファインバブル技術を，日本主導で国際標準化を進めているが，将来グローバル市場で日本がリードしていくためには，国際競争がより一層激化していく今後 10 年に，多くの日本企業が関わっていくことが求められている．

参考文献

1)大成博文：国際特開 WO00/69550 (2000)

2)豊岡正志ら：特開 2001-62269 (2001)

3)藤原暁子：月刊エコインダストリー，**11(3)**, 27-30 (2006)

4)久木崎雅人ら：化学工学論文集，**30**, 654-660 (2004)

5)寺坂宏一：特許第 4046294 号 (2007)

6)Takahashi, M. : J. Phys. Chem. B, **109**, 21858-21864 (2005)

7)Cho, S.-H. *et al.* : Colloid and Surfaces A, **269**, 28-34 (2005)

8)Terasaka, K. *et al.* : Chem. Eng. Sci., **66**, 3172-3179 (2011)

9)寺坂宏一ら：混相流，**21**, 77-83 (2007)

10)寺坂宏一ら：混相流研究の進展，**3**, 43-50 (2008)

11)寺坂宏一：特開 2009-131737 (2009)

12)Daiguji, H. *et al.* : J. Phys. Chem. B, **111**, 8879-8884 (2007)

13)Makuta, T. *et al.* : Mater. Lett., **63**, 703-705 (2009)

14)Makuta, T. et al. : Mater. Lett., **65**, 3415-3417 (2011)

15)Kobayashi, D. et al. : Ultrason. Sonochem., **19**, 1193-1196 (2011)

16)小林大祐ら：化学工学論文集, **37**, 291-295 (2011)

17)小塚晃透：日本音響学会誌, **61**, 154-159 (2005)

18)矢部彰ら：粉体技術, **5(8)**, 15-19 (2013)

19)藤田敏弘：粉体技術, **5(8)**, 30-37 (2013)

2. 基礎～応用編

第1章　超音波洗浄とキャビテーション

1.1 緒言

　超音波洗浄 [1,2]は，洗浄体の表面に付着した汚れの除去に利用され，半導体，光学部品，精密機器などの製造過程において極めて重要なプロセスと言える．一般的な洗浄工程では，有機溶剤や界面活性剤の有する化学的作用により汚れ除去を効率的に行う．一方，環境負荷低減の観点から（化学薬品に頼らない）物理洗浄技術（例えば洗浄液を純水とする超音波洗浄）の利用が望まれる．しかしながら，超音波洗浄パラメータ（周波数，音圧など）は用途に応じて経験的に選択される現状にある．比較的低周波（数 10 kHz～100 kHz 程度）の超音波は，金属部品の脱脂洗浄に用いられる．一方，数 MHz 帯の超音波は，シリコンウェーハなどの精密部品における（数 100 nm～数 µm 径の）微細粒子の除去（メガソニック洗浄）に利用される．

　超音波による付着粒子のはく離のメカニズムに関する模式図を図 1・1 に示す．超音波照射に伴う圧力こう配および音響流が，（ファンデルワールス力などの）分子間力 F_A を介して固体表面に付着した汚れ粒子に直接的に作用することにより，粒子はく離が実現されると従来考えられてきた．一方，最近の研究 [3,4]からは，照射超音波の負圧下で発生する蒸発現象（すなわちキャビテーション）による液流動の促進効果が，粒子はく離の支配的要因であると示唆される．洗浄面近傍のキャビテーション気泡が振動することにより，洗浄面上にせん断流れが形成される．その結果，付着粒子に流体力（揚力 F_L，抗力 F_D，モーメント M）が作用し転がりながらはく離する，と理論的には説明される [5,6]．

　超音波キャビテーション気泡には，上述の通り洗浄効果が期待されるが，使い方次第では洗浄面の機械的損傷（壊食，エロージョン）を引き起こす恐れがある [7,8]．洗浄効果の増大を期待し超音波の照射音圧を高くすると，気泡の崩壊圧が著しく高くなり，数 100 MPa あるいは数 GPa にも及ぶ衝撃圧が周囲に放射

され，表面を洗浄するどころか壊食してしまう．すなわち，超音波キャビテーション洗浄において，「洗浄効果の増大」と「エロージョンの低減」はトレードオフの関係にある．シリコンウェーハの精密洗浄では，MHz帯の超音波を用いることにより，キャビテーションの発生を抑制することでエロージョンを回避し，音響流により微細粒子を除去すると一般的に言われている．キャビテーションエロージョンは，流体機械の分野では長らく研究されてきたが，超音波洗浄技術の開発においてもエロージョンの観点からの研究が必要と言える．

本稿では，エロージョンフリーの超音波キャビテーション洗浄技術を設計する上で不可欠となるキャビテーション気泡の力学・熱力学に関するモデリングを解説する．

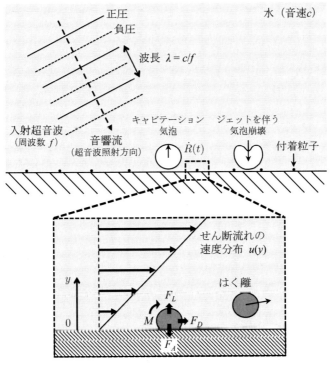

図 1·1　超音波キャビテーション洗浄の模式図

1.2 超音波の基礎

（1）非粘性媒質における超音波伝播

水などの媒質における密度（あるいは圧力）のじょう乱は，音響波として伝播する．音響波の通過に伴い，密度の増減（圧力の正負）が正弦波として繰り返される場合，その波を疎密波と呼ぶ．疎密波の通過に伴う密度の増減（圧力の正負）の周波数 f が 20 kHz 以上の場合，人の可聴域を超えることから，その波を超音波と呼ぶ．

超音波の伝播は，質量保存則（連続の式），運動量保存則（圧縮性 Navier-Stokes の式），エネルギー保存則（熱力学第 1 法則）により厳密に記述される．これら保存則は，非線形の偏微分方程式であり，手では簡単に解けない．ここでは簡単のため，非粘性媒質中を伝播する一次元の線形超音波を対象とする．「非粘性」の仮定から，粘性散逸による超音波音圧の低下は無視する．ここで「線形」とは，超音波伝播に伴うじょう乱が微小であり，非線形性の影響（例えば波形の歪み）が無視できることを意味する．超音波の音圧が十分に低い場合，じょう乱は（空間的に一様である）音速 c で伝播する．すなわち，一次元の線形超音波の波形は正弦振動として記述される．この場合，波長 λ（図 1·1）は，以下のように定義される．

$$\lambda = c/f \qquad (1\cdot1)$$

例えば，常温の水（$c \approx 1500$ m/s）に対し，20 kHz（1 MHz）の超音波の波長 λ は（1·1）式より，約 75 mm（約 1.5 mm）と概算される（図 1·2）．

超音波を線形波として取り扱うためには，媒質中の圧力じょう乱 p' が，以下の関係を満たすほど微小である必要がある [9]．

$$|p'| << \rho c^2 \qquad (1\cdot2)$$

ここで，ρ は媒質の密度である．常温の水（$\rho \approx 1000$ kg/m^3）の場合，（1·2）式の右辺は $\rho c^2 \approx 2.25$ GPa と計算される．すなわち，100 MPa 程度の高音圧じょう乱 p' を線形波としてモデル化しても実質的に問題ない．一方，標準状態の空気（$\rho \approx 1.20$ kg/m^3, $c \approx 343$ m/s, $\rho c^2 \approx 0.14$ MPa）の場合，大気圧（$p_a = 1$ atm ≈ 0.1 MPa）程度の圧力じょう乱 p' は大振幅であり，非線形性の影響は無視できない．

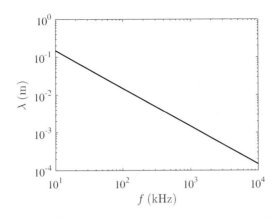

図1・2　常温の水における（線形）超音波の波長 λ と周波数 f の関係

(2) 超音波の反射と定在波形成

図1.3に示すような超音波洗浄槽の簡略化モデルを用いて，洗浄槽底部より発信される周波数 f の入射超音波と気液界面との干渉を考察する．一般に，線形音響波と界面の干渉は，密度 ρ と音速 c の積として定義される音響インピーダンス ($Z = \rho c$) により評価される[9]．音響インピーダンスは熱力学的物性値であり，媒質の硬さを表す指標の一つである．

圧縮性に富む気体の音響インピーダンスは，低圧縮性の液体と比較し著しく低い．例えば，標準状態における空気と水の音響インピーダンス比は，$Z_{air}/Z_{water} \approx 2.8 \times 10^{-4}$ と計算される．この場合，水中超音波の空気側への透過はほぼ無視でき，（曲率を持たない）気液界面における圧力は大気圧で一定と近似される．これは，入射超音波と位相の反転した反射超音波の重ね合わせにより，気液界面における圧力が大気圧固定になる（すなわち固定端反射）と解釈される．一方，水中超音波が（音速が無限大の）剛体壁（$Z_{rigid} = \infty$）に入射する場合，自由端反射となり，同位相の反射超音波との重ね合わせが生じる．その結果，剛体壁の音圧は，入射音圧と比較し倍増する．

図1・3に示す通り，洗浄液高さ L が波長 λ に対し

$$L = \left(\frac{n}{2} - \frac{1}{4}\right)\lambda, \quad n = 1, 2, 3, \ldots \quad (1\cdot 3)$$

を満たす場合，気液界面を節，洗浄槽底部を腹とする定在波が形成がされる．図1·3では1次元的な定在音場の形成を例示しているが，実際には3次元的な音場が形成される．洗浄槽内には音圧の空間分布が存在することになり，洗浄体のサイズが超音波の波長と同程度あるいは大きい場合は，洗浄効果にムラが生じる可能性がある．

以上，簡単のために，線形波の反射に基づく音響定在波の形成を取り上げたが，応用上は線形理論では説明のつかない現象が生じる．粘性流体に対し有限振幅の超音波を照射した場合，非線形性の影響により照射方向に音響流と呼ばれる定常流が形成される[10-12]．超音波洗浄槽内では，音響流により循環流がしばしば観察される．さらに，照射音圧が十分に高い場合，超音波の負圧サイクル時にキャビテーションが発生する[13]．音響流およびキャビテーションが液流動を促進し，洗浄効果の増大に寄与すると考えられる．

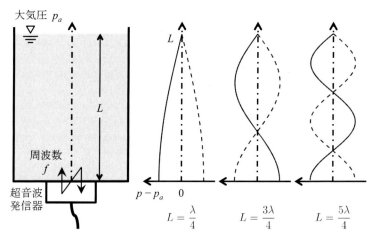

図1·3 超音波洗浄槽における音響定在波
（実線：瞬時の最大圧力分布，点線：半周期後の圧力分布）の形成

1.3 超音波キャビテーションの初生

(1) 飽和蒸気圧

Henry の法則に従い，大気圧下の水にはガス（空気）が溶存している．通常の
ガス飽和水の中には，数 μm 径のガス気泡が溶解することなく安定的に存在して
いる [7]．照射超音波の音圧が十分に高い場合，超音波の負圧サイクル時に気泡
界面において蒸発すなわちキャビテーションが生じ，目視できるほどの大きな
蒸気気泡（キャビテーション気泡）へと急成長を遂げる．これを（不均質）キ
ャビテーション初生と呼ぶ．一方，ガス気泡核などの不純物が存在しない超純
水の場合，負圧下の水分子の熱揺らぎで生じる空洞を起点に（均質的に）キャ
ビテーションが初生する．

工学的には，液圧 p_l が飽和蒸気圧 p_v を下回る場合，キャビテーションが初生
すると簡易的に定義される．ただし，飽和蒸気圧は，曲率のない気液界面にお
いて蒸発量と凝縮量が等しく平衡状態にある際の蒸気圧を意味する．厳密に言
うと，曲率のある気泡核の界面に対し，簡易初生モデル（$p_l < p_v$）を適用するこ
とはできない．

(2) Blake の臨界圧

平衡圧 p_{l0}（大気圧 p_a を想定）の水中に浮遊する平衡半径 R_0 のガス気泡の界
面を核とする不均質キャビテーション初生に対し，気泡核界面における準静的
な力の釣り合いに基づき導出された臨界圧 p_{lC} を Blake の臨界圧 [7,13] と呼ぶ．ガ
ス気泡核周囲の液圧 p_l を Blake の臨界圧 p_{lC} 未満に低下させた場合（$p_l < p_{lC}$），
気泡核界面においてキャビテーションが発生し，気泡核は蒸気気泡へと急成長
する．気泡核内部のガスが等温変化する場合，Blake の臨界圧は以下の式で与え
られる．

$$p_{lC} = p_v - \frac{4}{3}\sqrt{\frac{2\Upsilon^3}{3\left(p_{l0} + \frac{2\Upsilon}{R_0} - p_v\right)R_0^3}} \tag{1・4}$$

ここで，Υ は表面張力を表す．表面張力がない（$\Upsilon = 0$）もしくは曲率がない（R_0
$= \infty$）場合，Blake の臨界圧は飽和蒸気圧に帰着する．（1・4）式の右辺第 2 項が

表す表面張力の影響により，飽和蒸気圧 p_v 未満の液圧下においてもガス気泡核は力学的に安定存在できる（すなわちキャビテーションが初生しない）ことが示唆される．一方，界面活性剤の添加による表面張力の低減は，キャビテーションの誘発という観点からは有効な手段と言える．

常温の水中キャビテーション初生に対する Blake の臨界圧 p_{lC} とガス気泡核の平衡半径 R_0 の関係（1・4）式を図 1・4 に示す．気泡核半径が数 10 μm 程度あるいはそれ以上の場合，表面張力の影響は無視でき，臨界圧は飽和蒸気圧とほぼ同程度となる．一方，気泡核半径が数 μm 程度あるいはそれ以下の場合，臨界圧は（熱力学的に絶対圧として）負圧となる．すなわち，水はある程度の引張状態に対し，蒸発せずに液相として耐えることができる．言い換えると，固体と同様に，液体は引張強さ（$-p_{lC}$）を有することになる[7]（Blake の臨界圧は固体で言うところの降伏応力と捉えられる）．水の引張強さは，分子間力（水素結合，ファンデルワールス力）に起因するものである．

一方，汚れを含まない超純水の引張強さは，ガス気泡核を含む汚れ系の引張強さより高い値を示す．脱気した常温の超純水に対する超音波照射実験では，−30 MPa 程度のキャビテーション初生圧力が報告されている[14]．

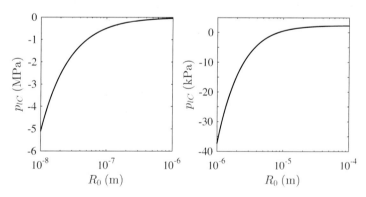

図 1・4　常温の水中キャビテーション初生圧力に関する Blake の臨界圧 p_{lC} とガス気泡核（等温変化を仮定）の平衡半径 R_0 の関係

1.4 キャビテーション気泡の動力学

(1) 球形気泡の運動方程式

前節では，ガス気泡核の準静的膨張を仮定した Blake の臨界圧に基づいてキャビテーション初生を考察した．一方，周囲液圧が動的に変動する超音波キャビテーション気泡の初生および初生後の体積振動に対しては，動力学による影響を考慮する必要がある．

超音波照射下の球形気泡の振動を，バネ・質点系として捉えると，圧縮性に富む気泡（バネ）の周囲を取り囲む非圧縮性の水（質量）を，超音波により加振する問題と言い換えることができる[15]．対象とする大気圧下の常温の水では，気泡界面における蒸気圧が低いため，蒸発および凝縮に伴う液相の温度変化は無視しても実質的に問題ない[16]．この場合，気泡中心を原点とする球座標系で記述した非圧縮 Navier-Stokes 方程式（非圧縮流体に対する微分形の運動方程式）を，気泡半径（$r = R(t)$）から無限遠（$r = \infty$）の区間で積分することにより，非定常 Bernoulli の式（気泡周囲の非圧縮流体に対する力学的エネルギー保存則）が導出される．この Bernoulli の式に対し，気泡界面における運動学的・動力学的境界条件を代入することにより，次式に示す Rayleigh-Plesset の式（以下 RP 式と呼ぶ）が導出される[7]．

$$R\frac{d^2R}{dt^2} + \frac{3}{2}\left(\frac{dR}{dt}\right)^2 + \frac{4v_l}{R}\frac{dR}{dt} + \frac{2\Upsilon}{\rho_l R} = \frac{p_b - p_{l\infty}(t)}{\rho_l} \qquad (1\cdot5)$$

ここで，p_b は気泡内部の圧力，p_∞ は気泡遠方の液相圧力，ρ_l は密度，$v_l = \mu_l/\rho_l$ は動粘度（μ_l は粘度），下付き添字 l は液体（水）を表している．気泡の崩壊時を除き，気泡内部の密度は水の密度と比較し著しく低いことから，その慣性力の影響は無視できる（すなわち気泡内圧は空間的に一様と仮定できる）．気泡内圧の決定には，気泡界面における熱の授受（Fourier の法則に従う熱伝導および蒸発熱・凝縮熱）を厳密に解く必要がある．一方，気泡内部のガス（空気）がポリトロープ変化すると仮定した場合，（蒸気およびガスで構成される）気泡の内圧は次式で与えられる．

$$p_b = p_v + p_{g0}\left(\frac{R}{R_0}\right)^{-3\kappa} \qquad (1\cdot6)$$

ここで，κ はポリトロープ指数であり，$\kappa = 1$ は等温変化，$\kappa = \gamma$（比熱比）は断熱変化を表す．平衡状態にあるガス気泡核の内圧 p_{g0} は，表面張力によるラプラス圧分の昇圧を考慮して，次式で与えられる．

$$p_{g0} = p_{l0} - p_v + \frac{2\Upsilon}{R_0} \tag{1·7}$$

周囲液体の圧縮性を考慮した拡張 RP 式の一つに，次式に示す Gilmore の式 [17] が挙げられる．

$$R\frac{d^2R}{dt^2}\left(1-\frac{1}{C}\frac{dR}{dt}\right)+\frac{3}{2}\left(\frac{dR}{dt}\right)^2\left(1-\frac{1}{3C}\frac{dR}{dt}\right)=H\left(1+\frac{1}{C}\frac{dR}{dt}\right)+\frac{R}{C}\frac{dH}{dt}\left(1-\frac{1}{C}\frac{dR}{dt}\right) \tag{1·8}$$

C と H はそれぞれ，気泡界面における水の音速およびエンタルピーであり，以下で定義される．

$$C=\sqrt{\frac{dp_l}{d\rho_l}\left(p_{bw}\right)}, \quad H=\int_{p_{l\infty}}^{p_{bw}}\frac{dp_l}{\rho_l\left(p_l\right)} \tag{1·9}$$

$p_{bw} = p_b - 4\mu_l(dR/dt)/R + 2\Upsilon/R$ は，気泡界面の液体側の圧力である．液圧 p_l は，Tait の状態方程式 $(p_l+P_\infty)/(p_{l0}+P_\infty) = (\rho_l/\rho_{l0})^m$ から決定される [9]．常温の水の場合，$m \approx 7$, $P_\infty \approx 3000$ atm である．引張強さ P_∞ の存在により，液圧は負圧を許容することが Tait の状態方程式から示唆される．非圧縮の極限（$m \to \infty$, $C \to \infty$）において，Gilmore の式は非圧縮 RP 式に帰着することに注意されたい．

超音波照射下における気泡の共振振動は大振幅であり，気泡界面の収縮速度は水の音速（約 1500 m/s）を凌駕するほどの高速になり得る．崩壊時，気泡内部は数 100 MPa あるいは数 GPa にも及ぶ高圧状態になる．その結果，周囲の水には強い衝撃波が照射される．有限振幅の非線形振動を解析する場合，気泡崩壊に伴う衝撃波放射による音響的散逸は無視できないことから，液相圧縮性を考慮した拡張 RP 式に基づく計算が望ましい [7]．

RP 式および拡張 PR 式は，非線形の 2 階常微分方程式であり，その解の導出には数値積分が必要となる．計算例として，振幅 0.5 MPa，周波数 50 kHz の超音波照射下の常温水に存在する平衡半径 10 μm の空気気泡核を起点とするキャビテーション気泡の振動に関する時間履歴を図 1·5 に示す．本計算は，水の粘性および圧縮性による散逸に加え，気泡界面における熱伝導による散逸 [17,18] も

考慮した Gilmore の式に依るものである．図 1·5 の気泡半径の時間履歴から，超音波照射によるキャビテーション気泡の初生および初生後の（有限振幅）強制振動が観察される．超音波の負圧サイクル時に，気泡界面において急激な蒸発に伴う不均質キャビテーションが初生する．気泡周囲の水の慣性力により，初生キャビテーション気泡は膨張を続け，最大気泡半径は初期半径の数 10 倍に到達し，ガス（空気）分圧は著しく低下する．すなわち，膨張気泡の内部は蒸気が支配的となり，気泡内圧は飽和蒸気圧にほぼ等しいと言える．一方，収縮および崩壊時，不凝縮性の空気は断熱的に圧縮され，局所的な高温高圧部を形成することから，周囲に衝撃波を放射する．（内部に不凝縮ガスが存在しない）蒸気気泡の崩壊においても，気泡界面の収縮速度が凝縮速度を凌駕する場合，蒸気は不凝縮ガスのように振る舞い，気泡収縮に伴い強い圧縮を受ける．その結果，高圧蒸気が復元力として作用し，蒸気気泡は（凝縮により消失せずに）リバウンドする [19]．洗浄体近傍においてキャビテーション気泡が激しく崩壊することにより，洗浄面のエロージョンを引き起こす恐れがある．

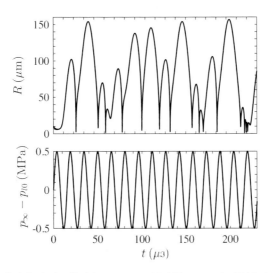

図 1·5　水中超音波（振幅 0.5 MPa，周波数 65 kHz）照射下における空気気泡核（平衡半径 10 μm）を起点とするキャビテーション気泡の振動

(2) 気泡の共振現象

超音波照射により初生したキャビテーション気泡の振動振幅は，共振条件下で最大となる．共振気泡の振動による液流動の促進効果が，超音波キャビテーションによる物理洗浄の鍵と言える[3]．超音波周波数 f に対する気泡の共振半径は，RP 式の線形化より得られる．表面張力の影響を無視できる断熱気泡（$p_{g0} = p_{l0}$, $\kappa = \gamma$）の共振周波数を Minnaert 周波数[20,21]

$$f_M = \frac{1}{2\pi R_M}\sqrt{\frac{3\gamma p_{l0}}{\rho_l}} \qquad (1\cdot 10)$$

と呼ぶ．共振半径 R_M は，（1·10）式の左辺 f_M に超音波による加振周波数 f を代入することにより定義される．常温水における加振周波数 f と断熱気泡（$\gamma = 1.4$）の共振半径 R_M の関係を図 1·6 に示す．周波数 20 kHz（1 MHz）に対する共振半径は，約 160 μm（約 3.3 μm）と見積もられる．

通常のガス飽和水の中には，数 μm〜数 100 μm 径のガス気泡核が浮遊している[7]．単一周波数の超音波を照射した際，共振半径近傍のガス気泡核を主な起点とし，不均質キャビテーションが初生する．メガソニック洗浄においても，照射超音波の音圧が十分に高い場合には，数 μm 程度の微細な気泡核を起点に不均質キャビテーションが初生すると言える．

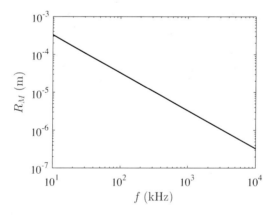

図 1·6　大気圧下の常温水における超音波周波数 f と断熱気泡（$\gamma = 1.4$）の共振半径 R_M の関係

ここで，1.3 節で紹介した不均質キャビテーション初生に対する Blake の臨界圧の適用範囲について議論する．周波数 f の超音波照射下のキャビテーション初生気泡核の動力学的問題に，気泡核の準静的応答を前提とした Blake の臨界圧を厳密には適用できない．一方，超音波の加振周波数 f が，気泡核の共振周波数 f_M と比較し十分に低い場合（$f \ll f_M$），気泡応答は準静的とみなせる．Blake の臨界圧の適用は，数 10 kHz の比較的低周波の超音波照射によるキャビテーション初生を対象とすることが実用的と言える．

（3）整流物質拡散による気泡核の成長

初生直後のキャビテーション気泡の内部は蒸気が支配的であるが，超音波加振による体積振動を繰り返す間，水中に溶存するガス（空気）が気泡へ流入するため，気泡核の平衡半径は増大する．この現象は整流物質拡散[22]と呼ばれ，気泡振動の非線形性に起因するものとして以下のように説明される．溶存ガスの流入（流出）は，気泡の膨張（収縮）に伴う気泡内圧の低下（増加）により引き起こされる．膨張時，ガス移動の有効面積は増大し（面積効果），さらに溶存ガス濃度境界層が薄くなる（シェル効果）ことから，溶存ガスの流入量は流出量を凌駕する．水に対し超音波照射を続けると，整流物質拡散により振動気泡の成長を介して溶存ガス量が低下する（超音波脱泡）．整流物質拡散による平衡半径の成長速度は，超音波の音圧および周波数に強く依存する．

ガス飽和水，あるいは超音波脱泡により生成されたガス不飽和状態水において，力学的平衡状態の気泡は（表面張力による）ラプラス圧により溶解する．一方，超音波照射下では，ガス不飽和状態においても整流物質拡散により気泡は成長することが原理的に可能である．整流物質拡散による成長を続けると，表面張力の効果が弱まる，あるいは共振半径に近づき振動振幅が増大することにより，気泡分裂が促される．分裂により生じた微細気泡は，新たな気泡核としてキャビテーション初生に寄与する．高音圧の超音波照射下では，キャビテーション気泡の数密度は高くなり，気泡同士の合体は頻発する．

上述の通り，超音波キャビテーション気泡は整流物質拡散，分裂・合体により，その平衡半径は時事刻々と変化する．超音波洗浄槽内で音響定在波が形成

される場合，平衡半径の大小により，キャビテーション気泡の捕捉位置に変化が生じる（図1・7）．平衡半径が共振半径より小さい場合（$R_0 < R_M$），キャビテーション気泡は照射超音波と同位相で振動する．変動圧力場に存在する気泡には，非定常な外力が作用するが，時間平均の観点からは定在波の腹へ向かう外力（第1 Bjerkenes 力[23]と呼ばれる）として作用する．その結果，共振半径より小さい気泡は，定在波の腹の位置で捕捉される．定在波の腹では音圧が高く，整流物質拡散により気泡の平衡半径は増大する．整流物質拡散あるいは気泡同士の合体により成長した気泡は，平衡半径が共振半径近傍に近づき振動振幅が増大することにより，分裂に至ることもある．分裂を回避し，平衡半径が共振半径を超えるまで成長する場合（$R_0 > R_M$），気泡振動の位相は反転する．この場合，第1 Bjerkenes 力は，定在波の節へ向かう外力として気泡に作用する．すなわち，共振半径より大きい気泡は，定在波の節の位置で捕捉される．浮力が音響捕捉力を凌駕する場合，気泡は水面へと浮上する．以上の議論では，音響流の影響を無視したが，液流動中に存在する気泡には流体力が作用する．流体力が音響捕捉力を凌駕する場合，気泡は PIV 粒子のように，超音波洗浄槽内を循環することになる．

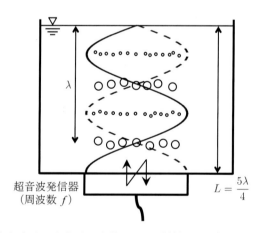

図1・7　音響定在波（正弦波形の実線および破線）が形成する超音波洗浄槽内の第1 Bjerkenes 力による超音波キャビテーションの捕捉

図 1.7 では，洗浄槽内で形成される音響場は，照射超音波とキャビテーション気泡の干渉により汚されることはないという前提のもと，気泡の音響的捕捉について議論した．この前提は，キャビテーション気泡の体積分率（ボイド率 α）が著しく低い場合（$\alpha \ll 1$）に成立するものである．一方，高音圧超音波の照射下では，キャビテーションの初生確率の上昇に伴いボイド率は増加し，キャビテーション気泡群と照射超音波の干渉による影響が顕在化する．例えば，超音波照射下の気泡群の存在による音響流の増速 [24] が知られている．気泡群中の超音波の伝播は，分散性を有し伝播速度は周波数に依存することになる．さらに，照射超音波の音響エネルギーの一部は，キャビテーション気泡の運動に消費されることから，その伝播は散逸性を有することにもなる．キャビテーション気泡群中の音響場の予測には，気液間の熱流体力学的な干渉を考慮した分散気泡流モデルに基づく数値シミュレーションが不可欠となる [17]．

キャビテーションによる物理洗浄の観点から，洗浄面近傍における気泡の運動が鍵となる．ガラスのように硬い表面（$Z_{material} \gg Z_{water}$）の場合，近傍気泡の振動による壁面の変形は無視できる．この場合，気泡の振動は，洗浄面の法線方向に対する貫通なし条件に基づく運動学的拘束を受ける．この問題は数学的に，同位相で振動する鏡像気泡との干渉問題と等価である [25]．同位相で振動する二気泡間には，互いが放射する音響波の影響により，第 2 Bjerkenes 力 [26] と呼ばれる引力が作用する．第 2 Bjerkenes 力すなわち貫通なし面への捕捉力により，キャビテーション気泡は洗浄面近傍から離脱することなく洗浄効果を発揮し続ける，と理想的には言える．

（4）ガス性キャビテーション

1.1 節の緒言でも説明したように，超音波キャビテーション洗浄において，洗浄効果の増大とエロージョンの低減はトレードオフの関係にある．そこで，キャビテーション気泡の運動による洗浄効率を維持しつつ，エロージョンを低減する方法として，（加圧ガス溶解もしくは気泡曝気により生成される）ガス過飽和水の洗浄液としての利用が提案されている [27]．

ガス過飽和水を浮遊するガス気泡核は，熱力学的に安定存在できるため，ガ

ス飽和水と比較し気泡核の数密度は高くなる傾向にある．すなわち，ガス過飽和度の増大は，水の引張強さの低減に寄与する．したがって，ガス過飽和水中では，低音圧超音波によるキャビテーション初生が可能と言える．初生後の整流物質拡散による気泡への溶存ガスの流入が，ガス過飽和下では効率的に行われる．キャビテーションは液圧低下に伴う蒸発現象として一般的に定義されるが，ガス過飽和水における超音波キャビテーションは炭酸飲料の発泡に近いガス性の強い現象と言える．超音波誘起のガス性キャビテーションにより生じたガス気泡を，低音圧超音波の照射により，（蒸気性の気泡崩壊を伴わない）穏やかな体積振動の駆動が可能となる．

（振幅が大気圧未満の）低音圧超音波による洗浄実験[27]を図 1·8 に示す．ここでは，油性インクを塗布したスライドガラスを，酸素マイクロバブルによる曝気により生成した酸素過飽和水（飽和度380%）に浸し，65 kHz の超音波を照射した．通常の飽和水の場合，キャビテーションは初生せず，超音波による洗浄効果は確認されなかった．一方，酸素過飽和水においては，キャビテーションが初生し，初生後のガス性キャビテーション気泡の運動によるインク粒子のはく離が観察された．本実験より，超音波誘起のガス性キャビテーション気泡による穏やかな体積振動が，洗浄面を傷つけずソフトに洗うエロージョンフリーの物理洗浄メカニズムとして重要な役割を果たすと示唆される．

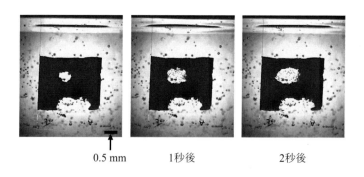

図 1·8 酸素過飽和水中（酸素飽和度 380%）の超音波キャビテーション（照射超音波の周波数 f = 65 kHz）による油性インク粒子のはく離[27]

1.5 結言

　本稿では，超音波照射下の水における球形キャビテーション気泡の初生および初生後の動力学に主眼を置き，超音波洗浄におけるキャビテーション気泡の役割を解説した．さらに，ガス過飽和水におけるガス性キャビテーションを利用したエロージョンフリーの超音波洗浄法を提案した．

　最近の研究[28]からは，気泡の非球形崩壊に伴うジェット（図1・1）により形成される壁面せん断が付着粒子のはく離に寄与すると報告されている．さらには，気泡の体積振動により，気泡近傍を循環する定常流れ（マイクロストリーミング）が形成することが知られており[29,30]，壁面上の境界層流れによるせん断力が付着粒子のはく離に寄与する可能性も示唆される．しかしながら，現状の可視化計測技術では，超高速の超音波キャビテーション現象を解像するのは困難であり，気泡の体積振動および非球形崩壊による付着粒子はく離の詳細メカニズムは未解明である．可視化計測技術の進展に加え，数値シミュレーション[31,32]による流動場の詳細な解析が，超音波キャビテーションの洗浄メカニズムの解明において不可欠と言える．

参考文献

1) G.W. Gale and A.A. Busnaina: *Particul. Sci. Technol.*, **13**, 197-211 (1995)

2) 中村僖良編：超音波，コロナ社（2001）

3) 阿座上瑞美，菊池廣：表面技術，**47**, 37-41 (1996)

4) W. Kim, T.H. Kim, J. Choi, and H.Y. Kim: *Appl. Phys. Lett.*, **21**, 081908 (2009)

5) G.M. Burdick, N.S. Berman, and S.P. Beaudoin: *Thin Solid Films*, **448**, 116-123 (2005)

6) M.L. Zoeteweij, J.C.J. van der Donck, and R. Versluis: *J. Adhes. Sci. Technol.*, **23**, 899-911 (2009)

7) C.E. Brennen: *Cavitation and Bubble Dynamics*, Oxford University Press (1995)

8) T.H. Kim and H.Y. Kim: *J. Fluid Mech.*, **750**, 355-371 (2014)

9) P.A. Thompson: *Compressible-Fluid Dynamics*, McGraw-Hill (1972)

10) M.J. Lighthill: *J. Sound Vib.*, **61**, 391-418 (1978)

11) 矢野猛：ながれ，24, 371-380（2005）

12) 鎌倉友男編著：非線形音響—基礎と応用—，コロナ社（2014）

13) T.G. Leighton: *The Acoustic Bubble*, Academic Press (1994)

14) E. Herbert, S. Balibar, and F. Caupin: *Phys. Rev. E*, **74**, 041603 (2006)

15) 安藤景太：日本機械学会誌，**119**(1171), 370 (2016)

16) A. Prosperetti, L.A. Crum, and K.W. Commander: *J. Acoust. Soc. Am*, **83**, 502-514 (1988)

17) K. Ando, T. Colonius, and C.E. Brennen: *Int. J. Multiphase Flow*, **37**, 596-608 (2011)

18) A.T. Preston, T. Colonius, and C.E. Brennen: *Phys. Fluids*, **19**, 123302 (2007)

19) S. Fujikawa and T. Akamatsu: *J. Fluid Mech.*, **97**, 481-512 (1980)

20) M. Devaud, T. Hocquet, J.C. Barci, and V. Leroy: *Eur. J. Phys*, **29**, 1263-1285 (2008)

21) M.A. Ainslie and T.G. Leighton: *J. Acoust. Soc. Am.*, **130**, 3184-3208 (2011)

22) L.A. Crum and Y. Mao: *J. Acoust. Soc. Am.* **99**, 2898-2907 (2011)

23) T.G. Leighton, A.J. Walton, and M.J.W. Pickworth: *Eur. J. Phys.*, **11**, 47-50 (1990)

24) S. Nomura, K. Murakami, and Y. Sasaki: *Jpn. J. Appl. Phys.*, **39**, 3636-3640 (2000)

25) F. Hamaguchi and K. Ando: *Phys. Fluids*, **27**, 113103 (2015)

26) N.A. Pelekasis, A. Gaki, A. Doinikov, and J.A. Tsamopoulos: *J. Fluid Mech.*, **500**, 313-347 (2004)

27) 安藤景太：マイクロバブル（ファインバブル）のメカニズム・特性制御と実際応用のポイント，75-83，情報機構（2015）

28) R. Dijkink and C.D. Ohl: *Appl. Phys. Lett.*, **93**, 254107 (2008)

29) J. Kolb and W.L. Nyborg: *J. Acoust. Soc. Am.*, **26**, 1237-1242 (1956)

30) P.A. Lewin and L. Bjørnø: *J. Acoust. Soc. Am.*, **71**, 728-734 (1982)

31) G.L. Chahine and C.T. Hsiao: *Interface Focus*, **5**, 20150016 (2015)

32) G.L. Chahine, A. Kapahi, J.K. Choi, and C.T. Hsiao: *Ultrason. Sonochem.*, **29**, 528-549 (2016)

第2章　資源・環境分野へのファインバブルの応用

2.1 はじめに

　ファインバブルとは液体中で直径が 100 μm 以下の微細気泡のことであり，基礎編第 4 章に述べられているように，気液界面積が大きいこと，上昇速度が小さいこと，表面電位が高いこと [1] などの特徴を有する．これらの特徴を利用して，資源・環境，工業，食品，農業・水産・畜産，医療など様々な分野で応用されている．資源・環境分野におけるファインバブル応用の利点は，薬品を使用しない，もしくは使用量を大幅に減らせること，ファインバブルの使用後は水との密度差によってファインバブルが浮上して液面で崩壊するため，ファインバブルを簡単に除去できることなどである．さらに，ファインバブルは大気圧下で，かつ常温で発生できるため，発生器の操作が安全であり，さらにメンテナンスがほとんど必要ないことも大きな魅力である．

　著者らは，ファインバブルを資源・環境分野へ応用した様々な研究開発を行っている．ここでは，空気ファインバブルによるエマルションからの油分回収 [2]，オゾンファインバブルによる廃水中のメラノイジンの分解 [3] と超音波を併用した水中のジオキサンの分解 [4]，メタンファインバブルによるハイドレートの形成 [5] について述べる．

2.2 空気ファインバブルによるエマルションからの油分分離
（1）背景

　O/W エマルションは石油化学，化学製品，医薬品，食品など多くの工業で使用されており，工業廃水にも含まれる．廃水中のエマルションからの油分分離は水質改善，油分回収，水の再利用を促進するために大変重要である．しかし，エマルション中の油滴は，大きさが 1 μm から数 10 μm と微細で安定しているため重力分離することが困難である．現在，エマルションの分離には，膜 [6]，電場 [7]，浮選 [1] などが研究されている．

　浮選とは，上昇する気泡の表面に油滴を吸着させて液面で回収する方法である．メンテナンスがほとんど必要なく，操作が簡単であることが利点である．

浮選に用いる気泡の発生には，あらかじめ高圧下で空気を溶かした水を減圧する方法と，小さな孔を持つ分散器に空気を供給する方法がある．高圧を用いる方法は，ファインバブルを発生できるがエネルギーコストが高い．一方，分散器を用いる方法はエネルギーコストが低いが，径が 100 μm 以上の大きな気泡が発生し，分離性能が低いので，分離性能を向上させるために，エマルションに凝集剤が添加されている [8,9]．そこで，多くのファインバブルを形成することができ，簡単でエネルギーコストの低い方法が求められている．

本研究では，O/W エマルションを入れた気泡塔中にファインバブルを分散させることによって，油分の分離性能と分離メカニズムについて検討した．

（２）実験方法

図 2・1 に実験装置の概略を示す．気泡塔（直径 0.10 m，液高 2.2 m）の塔底にスタティックミキサー式のファインバブル発生器を設置して，ファインバブル（直径 10〜150 μm，モード径 40 μm）をガス流量 100 mL/min（ガスホールドアップ：0.001）で分散した．試料には水と菜種油（密度 943 kg/m^3）をポンプで混合して調整した初期油分濃度が 0.1 wt%の O/W エマルションを用いた．油滴の直径は 0.4〜34 μm で，中位直径は 8.4 μm であった．塔内の温度を 27 ± 1℃ に調整した．エマルションの pH を水酸化ナトリウムと塩酸を用いて調整した．比較のために，焼結ガラス製ガス分散器を用いてミリバブル（直径 2〜3 mm）を分散した．O/W エマルションから分離された油分を気泡塔液面から回収した．

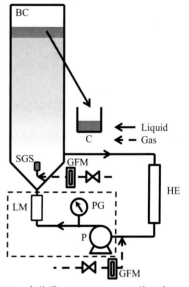

BC：気泡塔　　　　　P：ポンプ
LM：ラインミキサー　PG：圧力ゲージ
FBG：ファインバブル発生器　GFM：ガス流量計
SGS：ガス分散器　　　HE：熱交換器
C：回収容器

図 2・1　ファインバブル油分回収装置の概略図

(3) ファインバブルによる分離の促進

　図2・2にファインバブルやミリバブルを分散させたときと，気泡を全く分散させないときの油分回収率の経時変化を示す．ファインバブルを分散させたとき，最も高い油分回収率が得られる．これは，油滴が疎水性であるため，疎水性であるファインバブルの表面に接触した際に油滴が吸着し，さらに，ファインバブルの上昇速度が低いので油滴がファインバブルから剥がれずに上昇し，最終的に液面でファインバブルが破泡することにより消滅して油層が形成されるためである．一方，ミリバブルを分散させたときは気泡を全く含まない場合よりも回収率が低い．これは，気泡径が2～3 mmのミリバブルは上昇速度が高いので，気泡表面に油滴が付着しにくく，さらに，ジグザグに上昇するので，気泡塔内のエマルションが撹拌されたり，一度は気泡に付着した油滴が剥がれたりするなど，油分の分離に悪影響を与えるためである．

　図2・3に180分後の油分回収率に及ぼすエマルションのpHの影響を示す．ファインバブルを分散させた時には，pHが低くなるほど油分回収率が高くなる．特に，pHが4以下では回収率が急激に上昇する．ミリバブルを分散させた時はエマルションのpHにかかわらず，回収率が低い．気泡を全く分散させない場合はpHが3程度のときに回収率が少し高くなる．

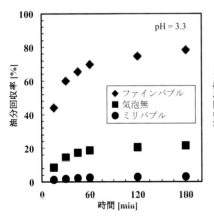

図2・2　ファインバブル，ミリバブル，気泡無の油分回収率の経時変化

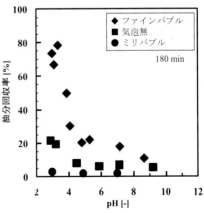

図2・3　油分回収率に及ぼすpHの影響

（4）油分回収とゼータ電位の関係

図2・4に油滴とファインバブルのゼータ電位に及ぼすエマルションのpHの影響を示す．ファインバブルのゼータ電位は高橋[1]が報告した値，油滴のゼータ電位は著者らが電気泳動法で測定した値である．油滴のデータ電位は負の値であり，pHが低くなるほど0に近く，pHが3のとき−13 mVとなる．文献[10]から，本実験のエマルションにおける油滴間のポテンシャルエネルギーを計算した結果[2]，ゼータ電位が−30 mVよりも0に近いときに油滴が不安定になることがわかった．したがって，図2・3の気泡を全く分散させない場合においてpH = 3のとき油分回収率が増加するのは，油滴間の同士の静電的反発力が小さくなり油滴が合一して浮上するためである．

ファインバブルのゼータ電位は，pHが4.5以上では負の値，pHが4.5以下では正の値となる．図2.5にファインバブルのゼータ電位に対して，油分回収率（図2.3）をプロットした．油分回収率は，ファインバブルのゼータ電位が正になると大幅に増加する．これは負の電荷を帯びた油滴が正の電荷を帯びたファインバブルに静電的に吸着するためと考えられる．

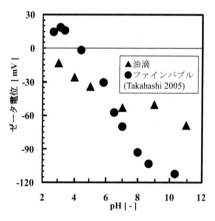

図2・4 油滴とファインバブルのゼータ電位に及ぼすpHの影響

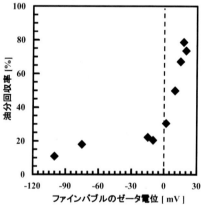

図2・5 ファインバブルのゼータ電位に対する油分回収率のプロット

（5）分離のメカニズム

　以上の結果から，ファインバブルによるエマルションからの油分分離は次の4つのメカニズムによるものと考えられる．1つめは実験開始前から大きな油滴がもつ浮力によって油滴が浮上することによる．2つめは疎水的引力で油滴がファインバブル表面に吸着し，ファインバブルと一緒に浮上することによる．以上の2つメカニズムはpHの値によらず，分離に寄与している．3つめはpHが低くなり油滴のゼータ電位が−30 mVより0に近くなったときの油滴間が合一して浮上することによる．4つめはpHが4.5以下のときにファインバブルのゼータ電位が正になり，油滴と静電的に吸着しファインバブルと一緒に浮上することによる．これらのメカニズムの中で，エマルションの油分分離には，油滴とファインバブルの静電的引力が最も寄与していることが明らかとなった．

2.3 オゾンファインバブルによるメラノイジン含有廃水の脱色
（1）背景

　バイオエタノールとは，サトウキビ，でんぷん，稲わらなどのバイオマスを発酵させ，蒸留して製造されるエタノールのことで，化石燃料にかわる有望な再生可能エネルギーとして期待されている．しかし，蒸留工程において，還元糖とアミノ化合物からメイラード反応によって色素であるメラノイジンが生成し，褐色の着色廃水が発生する．メラノイジン含有廃水の処理は，活性汚泥法に代表される生物的方法では困難[11]で，現在，吸着，膜，オゾンなど様々な物理化学的方法[12]が研究されている．

　オゾンは発色に関係した共役2重結合をもつ化合物に対して反応性が高く，メラノイジンを含有する廃水の脱色についても，オゾン処理[13]が有効であることが報告されている．しかし，バイオエタノールの製造から排出される廃水量は多く，オゾンの発生には高電圧が必要であるので，実用化にはオゾンの水への溶解速度を高くして，オゾンの使用量を減らすことが求められている．本研究では，水中のメラノイジン分解に対して，オゾンファインバブルを適用し，その有効性と分解メカニズムについて検討した．

（2）実験方法

水にグリシンとグルコースを加え 100 ℃に加熱してメラノイジン水溶液を調整し，初期濃度を 0.085 wt%とした．図 2·6 に実験装置の概略を示す．スタティックミキサー式のファインバブル発生器とオゾン発生器を使用して，20 L のメラノイジン水溶液にオゾンファインバブルを分散した．ファインバブルの大きさは 10 μm～80 μm でモード径が約 40 μm であった．オゾン濃度を 150 g/m³，ガス流量を 0.8 L/min とした．また，比較のために焼結ガラス製ガス分散器を用いてオゾンミリバブル（直径 2～3 mm）を分散した．メラノイジン水溶液の脱色評価には波長 390 nm における吸光度（初期値：0.96），メラノイジンの無機化評価には全有機炭素（TOC，初期値：500 g/m³）を用いた．

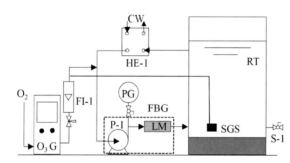

図 2·6　オゾンファインバブル排水処理装置の概略図

（3）ファインバブルによる分解の促進

オゾンをメラノイジン水溶液に分散させることより，溶液は脱色した．図 2·7 に溶液における吸光度比の経時変化を片対数プロットで示す．ファインバブルを分散させた方がミリバブルを分散させた場合よりも脱色速度が高い．また，片対数プロットにおいて吸光度比が直線的に減少していることから，吸光度比の経時変化は次式の擬一次反応に従うことがわかる．

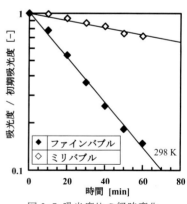

図 2·7　吸光度比の経時変化

$$\frac{ABS}{ABS_0} = \exp(-k\,t) \tag{2·1}$$

ここで，(ABS/ABS_0)は吸光度比，k は脱色の反応速度定数，t は時間である．図の傾きから反応速度定数を求めると，ミリバブルを分散したときは0.88×10^{-4} s^{-1}，ファインバブルでは 5.48×10^{-4} s^{-1} となった．さらに，溶液がほぼ透明となる目安である吸光度比が 0.1 まで減少する時間を式(2·1)から算出するとミリバブルは 435 min，ファインバブルは 70 min となった．オゾン処理の消費電力はミリバブルが 800 W，ファインバブルが 1550 W であるので，消費エネルギーはミリバブルが 20.9 MJ，ファインバブルが 6.5 MJ となる．すなわち，ファインバブルを利用することによって脱色に必要な電気エネルギーを 0.3 倍に削減できる．

図 2.8 にファインバブル，あるいはミリバブルをメラノイジン水溶液に分散させたときにおける溶液中の全有機体炭素比の経時変化を示す．オゾン分散時間とともに全有機体炭素は減少する．全有機体炭素比はミリバブルを 180 分間分散させたときが 0.97，ファインバブルを同時間分散させたときが 0.86 であるので，ファインバブルは全有機体炭素の減少にも効果的であるといえる．しかし，図 2·7 の結果と比較すると脱色に比べて無機化の速度は低い．

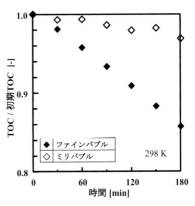

図 2·8 全有機炭素比の経時変化

水へのオゾン溶解挙動は次式で表される．

$$\frac{dC_L}{dt} = k_L a(C_L^* - C_L) - k_{O3} C_L \tag{2·2}$$

ここで，C_L は水中でのオゾン濃度，$k_L a$ は物質移動容量係数，C_L^* は水中でのオゾン飽和濃度，k_{O3} はオゾン自己分解速度定数であり，オゾンの自己分解反応を 1 次反応とした．水中にオゾンファインバブル，あるいはミリバブルを分散させて，オゾン濃度の経時変化を測定し，式(2·2)から物質移動容量係数を求めた結果[3]，ミリバブルは 0.43×10^{-3} s^{-1}，ファインバブルは 3.69×10^{-3} s^{-1} となり，フ

ァインバブルの方が物質移動容量係数が 8 倍以上高い値となった．これは，ファインバブルはミリバブルよりも直径が小さいので気液界面積が大きく，かつ上昇速度が低いためである．以上のことからファインバブルは水中へのオゾン溶解速度が高いため，メラノイジンの分解が促進されることが明白となった．

（4）分解のメカニズム

オゾンによる水中の溶質分解では，オゾンの直接酸化とオゾンが自己分解する際に発生する OH ラジカルによる間接酸化の 2 種類の反応が知られている．pH が酸性のときはオゾンが自己分解しにくいのでオゾンの直接反応が支配的であり，塩基性のときは OH ラジカルによる間接反応が支配的となる．表 2·1 にオゾンファインバブルを分散したときのオゾンの直接反応と間接反応による脱色と無機化の反応量を示す．オゾンの直接反応を支配的にするために初期 pH を 4 に調整してラジカルトラップ剤を添加した場合，通常と比べて脱色の反応速度定数は大きくなり，TOC の減少量は小さくなる．一方，pH を 10 にした場合，脱色の反応速度定数は小さくなり，TOC の減少量は大きくなる．以上のことから，脱色反応はオゾンの直接反応が，無機化反応は OH ラジカルによる間接反応が支配的であることが明らかとなった．

表 2·1　オゾンの直接酸化と間接酸化による脱色と無機化の反応量（ファインバブル）

	pH (0→180 min)	(脱色の反応速度 定数) × 10⁴ [s⁻¹]	1 − (TOC / TOC₀) [-]
通常	5.6→2.5	5.48	0.143
オゾン直接反応*	4.0→2.4	7.03	0.132
OH ラジカル間接反応**	10 constant	2.97	0.247

* HCl と OH ラジカルトラップ剤として t-ブタノールを添加
** NaOH を連続的に添加

図 2·9 にオゾンファインバブルを分散したときの脱色の反応速度定数と TOC 減少比に及ぼす温度の影響を示す．脱色においては温度が低くなるほど反応速度定数が大きくなる．オゾンは温度が低いほど溶解度が高くなるので，脱色反応は溶解律速である．一方，無機化は温度が高くなるほど TOC が小さくなるの

で，反応律速であることが明らかとなった．以上の結果から，メラノイジンの脱色は，水に溶解したオゾンが直接，メラノイジンの不飽和結合と反応して，結合を切断することによる．メラノイジンの発色は分子内の不飽和結合に起因するため，不飽和結合の切断により溶液が脱色される．この反応は速いので脱色反応はオゾン溶解律速となる．一方，無機化は不飽和結合のみならず飽和結合も切断する必要があるので，結合の種類にかかわらず酸化力の強い OH ラジカルによる反応が支配的となる．高分子であるメラノイジンは無機化するまで多くの反応を経由するため，反応速度が低くなり反応律速になると考えられる．

(5) 生分解性の評価

オゾンファインバブルで脱色した後に生物的処理方法で無機化することを想定して，オゾンファインバブルを分散した後に生物化学的酸素要求量 BOD_5 を測定し，BOD_5/TOC を求めた．BOD_5/TOC が高いほど生分解性が高い．図 2・10 に BOD_5 と BOD_5/TOC に及ぼすオゾンファインバブル分散時間の影響を示す．脱色過程で易生分解性物質が増加するため BOD_5 は一旦増加し，無機化が進むため減少する．BOD_5/TOC すなわち生分解性はオゾン分散時間とともに高くなり，その後一定となる．本実験条件では，図 2・7 から脱色は 60 分程度でほぼ完了するので，オゾンファインバブルによる脱色後には活性汚泥法などの生物処理が有効であると考えられる．

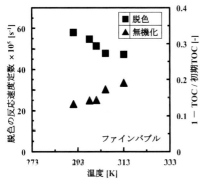

図 2・9 脱色の反応速度定数と TOC 減少比に及ぼす温度の影響

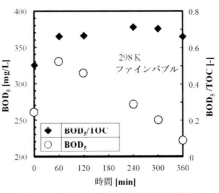

図 2・10 BOD_5 と BOD_5/TOC に及ぼすオゾン分散時間の影響

2.4 超音波の併用によるジオキサン含有廃水の分解

（1）背景

1,4-ジオキサン（$C_4H_8O_2$）は，無色透明の液体の有機化合物で水への溶解性が高く蒸気圧が低い性質があり，主に有機合成反応の溶媒として，工業的によく用いられている．しかし，難分解性で長期的に環境中に残留し，発がん性の可能性がある．また，代表的な廃水処理法である，加圧浮上，凝集沈殿，活性炭，曝気，蒸留ではジオキサンの除去がしにくいことが問題となっている．本研究では水中のジオキサンの分解にオゾンファインバブルと超音波照射を併用し，分解性能について研究した．

（2）実験方法

図 2・11 に実験装置の概略を示す．容器は透明アクリル樹脂製で，側面に 5 個の PZT 振動子（周波数 490 kHz）をつけた．せん断式のファインバブル発生器を容器側面下部に設置した．ファインバブルの直径は 5～50 μm で，中位径は 10～20 μm であった．ガス流量を 30 mL/min とした．比較のために焼結ガラス製ガス分散器を用いてミリバブル（直径 2～3 mm）を分散した．

試料には初期濃度 10 mg/L，体積 10.25 L のジオキサン水溶液を用いた．試料はエアリフトにより装置内において反射板より左側を上昇し，右側を下降した．振動子印加電力とオゾン濃度を変えて，ジオキサン濃度の経時変化を測定した．

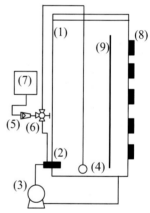

(1) 反応器　　　(2) ファインバブル発生器
(3) ポンプ　　　(4) ガス分散器
(5) ガス流量計　(6) 三方弁
(7) オゾン発生器 (8) 超音波振動子
(9) 反射板

図 2・11　超音波とオゾンファインバブル併用装置の概略

（3）超音波，オゾンファインバブルによる分解

ジオキサンは超音波照射によって分解し，（濃度/初期濃度）の時間変化は(2・1)式で表される擬1次反応に従った．図2・12に分解速度定数に及ぼす振動子印加電力の影響を示す．分解速度定数は，58 W（11.6 W/振動子1個）以上で直線的に増加する．超音波による反応はキャビテーションに起因し，キャビテーションはある超音波強度（しきい値）以上で発生する．本実験結果から以下の実験式をたてた．

$$k_{US} = 2.6 \times 10^{-5} (P - 58) \qquad (2・3)$$

ここで，k_{US} は超音波照射による分解速度定数，P は振動子への印加電力である．

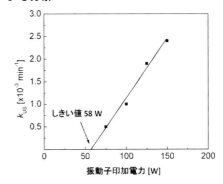

図2・12 分解速度定数に及ぼす振動子印加電力の影響

オゾンによるジオキサンの分解反応も(2・1)式で表される擬1次反応に従った．オゾン濃度が101.5 mg/Lのとき，分解速度定数はミリバブルが 1.0×10^{-3} min^{-1}，ファインバブルが 2.5×10^{-3} min^{-1}

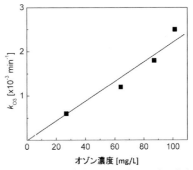

図2・13 分解速度定数に及ぼすオゾン濃度の影響

となり，ファインバブル化によって分解速度定数が大きくなった．図2・13にオゾンファインバブルを用いた時の分解速度定数に及ぼすオゾン濃度の影響を示す．分解速度定数はオゾン濃度に比例するので次の実験式をたてた．

$$k_{O3} = 2.2 \times 10^{-5} G \qquad (2・4)$$

ここで，k_{O3} は分解速度定数，G はオゾン濃度である．

（4）オゾンファインバブルと超音波の併用効果

前述のようにオゾンには直接反応と OH ラジカルによる間接反応がある．また，超音波による反応には，キャビテーションによる局所的な高温高圧反応場

での熱分解反応（直接反応）と水の熱分解から発生した OH ラジカルによる反応（間接反応）がある.

表 2・2　直接反応と間接反応によるジオキサンの分解速度定数（× 10^3 min^{-1}）

	超音波単独	オゾンファイン バブル単独	単独 の和	併用
直接反応＋間接反応	2.4	2.5	4.9	6.3
直接反応	0.7	1.0	1.7	0.9
間接反応	1.7	1.5	3.2	5.4

振動子印加電力：150 W，オゾン濃度：101.5 mg/L

　オゾンファインバブルと超音波を併用してジオキサンの分解実験を行った. 直接反応と間接反応によるジオキサンの分解速度定数を表 2・2 に示す. 比較のために，オゾンファインバブルあるいは，超音波を単独で使用した結果も示す.「直接反応＋間接反応」はジオキサン水溶液を分解した結果で，直接反応は，OH ラジカルを補足する t-ブタノール（84 mg/L）を添加してジオキサン水溶液を分解した結果である. 間接反応は，「直接反応＋間接反応」と直接反応の差とした. 超音波，あるいは，オゾンファインバブル単独のとき，直接反応と比べて間接反応の速度定数の方が大きい. また，併用時の「直接反応＋間接反応」の速度定数は単独の和の速度定数よりも大きいので，併用により相乗効果が得られることがわかる. 併用時の直接反応の速度定数は単独の和の速度定数よりも小さく，間接反応の速度定数は単独の和の速度定数よりも大きい. これらのことから，オゾンファインバブルと超音波の併用時は，間接反応を起こす OH ラジカルが増えていると考えられる.

　次式に超音波とオゾン併用時における OH ラジカルの生成反応 [14)]を示す. 超音波キャビテーションによりオゾンが酸素分子と酸素原子に分解され，酸素原子と水分子との反応によって OH ラジカルが生成する. また，併用時は超音波によってオゾンが分解するのでオゾンによる直接反応の寄与が小さくなる.

$$O_3 + Ultrasound \rightarrow O_2 + O \qquad (2・5)$$

$$O + H_2O \rightarrow 2・OH \qquad (2・6)$$

図2・14に併用時におけるジオキサンの分解速度定数に対する振動子印加電力の影響を示す．オゾン濃度は 101.5 mg/L である．なお，超音波単独とオゾンファインバブル単独における分解速度定数の和もプロットした．分解速度定数は印加電力とともに増加し，併用時の速度定数は単独の和の速度定数よりも大きい．また，併用時の速度定数と単独の和の速度定数の差は振動子印加電力が高いほど大きい．これは，超音波強度が大きいほど多くのオゾンが分解し，多くの OH ラジカルが発生するためと考えられる．

　図2・15に併用時におけるジオキサンの分解速度定数に対するオゾン濃度の影響を示す．振動子印加電力は 150 W である．この場合もオゾン濃度が高いほど分解速度定数が増加し，併用時の速度定数と単独の和の速度定数の差が大きい．これはオゾン濃度が高いほどオゾンの分解によって発生する OH ラジカル量が多くなるためと思われる．

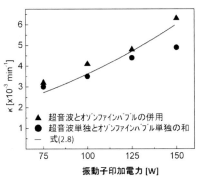

図 2・14　併用時の分解速度定数に及ぼす振動子印加電力の影響

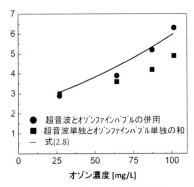

図 2・15　併用時の分解速度定数に及ぼすオゾン濃度の影響

　これらの結果から，超音波強度，オゾン濃度が高くなるほど，相乗効果が大きくなることが明らかとなり，次の実験式を構築した．

$$k_{US/O3} = k_{US} + k_{O3} + k_{SY} = 2.6 \times 10^{-5} (P - 58) + 2.2 \times 10^{-5} G$$
$$+ 1.6 \times 10^{-11} G^2 (P - 58)^2 \qquad (2 \cdot 7)$$

ここで，k_{SY} は相乗効果による分解速度定数の増加分である．図 2・14, 2・15 に(2・7)式による結果を曲線で示す．併用時の実験結果は，(2・7)式でうまく再現することができ，相乗効果の程度を予測することが可能となった．

2.5 メタンファインバブルによるハイドレートの形成
（1）背景

近年，国産の天然ガス資源として，日本周辺の海底下に存在するメタンハイドレートが注目されている．現在，実用化に向けて生産性や回収率を向上させるため，回収技術などの開発が盛んに行われている．また，地上でも回収実験を行うためには，人工的にガスハイドレートを製造する技術開発も必要である．

ガスハイドレートとは，水分子がつくるカゴの中にメタンなどのガス分子が閉じ込められた氷状の物質のことである．ガスハイドレートは，分子を高密度化できること，分子の大きさによって形成しはじめる圧力・温度条件が異なること，形成・解離熱が大きいことなどの特徴を有する．これらの特徴から，天然ガスの輸送・貯蔵・備蓄[15]，ガス分離[16]，冷蔵装置[17]などの研究開発がなされている．

ガスハイドレートの形成装置には，高圧タンク内の静止した液体中にガスをノズルから分散するものが多く，形成速度が低いことが問題であった．この理由として，メタンが水に溶けにくいこと，形成時の発熱により液体温度が上昇することがあげられる．近年，幸田らは気液界面積を増大させるためにファインバブル発生器と，熱交換性能を向上させるために管型反応器を用いることによってメタンハイドレートが形成できることを示した[15]．

本研究では，ハイドレート形成促進剤とファインバブル発生器を用いたコンパクトな装置を製作し，操作条件の最適化により，メタンハイドレートを高速に形成させることを目的とした．ハイドレート形成促進剤とは，ハイドレートの構造を変えて，形成条件を高温，低圧側にシフトさせる物質のことで，本研究ではテトラヒドロフラン[18]（THF）を用いた．

（2）実験装置および方法

実験装置は幸田らの文献[15]を参考にして製作し，その概略を図2·16に示す．ファインバブル発生器には，スタティックミキサー式のものを用い，反応管入口部に設置した．常圧下でのファインバブルの気泡径は40 μm程度である．反

応管には内径 16 mm, 長さ 18 m の銅管を用いた．この銅管を冷却タンク内に入れ，恒温冷水循環器を用いて温度調節を行った．形成されたハイドレートは，貯蔵タンクでためられた．

液には，3 mol % の THF 水溶液を使用し，体積を 8 L とした．ガスにはメタンを使用し，装置内を加圧するためにボンベから貯蔵タンクを介して液ポンプ手前に導入した．装置内の初期圧力を 0.30 MPa-gauge として回分操作を行い，反応管内の入口，および出口温度，装置内圧力の経時変化を測定した．

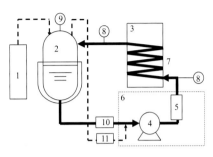

1：メタンボンベ　　　8：温度計
2：貯蔵タンク　　　　9：圧力計
3：冷却タンク　　　　10：液流量計
4：液ポンプ　　　　　11：ガス流量計
5：特殊ラインミキサー
6：マイクロバブル発生器　　→：液流れ
7：反応管　　　　　　-----▶：ガス流れ

図 2・16　メタンハイドレート形成装置の概略図

（3）ハイドレートの形成

図 2・17 に装置内における圧力と温度の経時変化の例を示す．圧力は 6 分あたりから大きく低下する．これはメタン—水—THF のハイドレート形成により，メタンガスがハイドレート内に高密度化するためである．実験開始から圧力が大きく低下するまでの時間をハイドレート形成準備期間，圧力が低下してから一定になるまでの時間をハイドレート形成期間とした．温度は反応管入口・出口の平均温度であり，設定温度の±0.3℃になるように制御した．

ハイドレート形成準備期間を拡大した図を図 2・17(b)に示す．まず，メタンガスが THF 水溶液に溶解するため，圧力は約 70 秒まで低下する．メタンガスが液体に十分に溶解すると圧力はほぼ一定となり，さらに 370 秒あたりから再び低下する．圧力がほぼ一定になることは液体に溶解したメタンからのハイドレート形成が直ぐに起こらないことを表している．この理由は，ハイドレートの形成には相変化を誘導する核が必要であるためと考えられる．メタンの溶解が終了する時間を t_s，ハイドレート形成が開始する時間を t_h として，形成誘導時間 t_i を次式で定義した．

$$t_i = t_h - t_s \tag{2・8}$$

形成誘導時間以後はハイドレート形成期間である．温度が形成誘導時間以後に上昇しているのはハイドレート形成に伴う発熱に起因する．

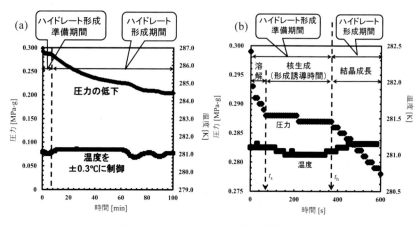

図 2・17　装置内における圧力と温度の経時変化

図 2・18 にハイドレート中のメタン量の経時変化とハイドレートの写真を示す．時間 0 はハイドレート形成開始時間，すなわち図 2・17 の t_h とした．ハイドレートへのメタン取込量 M の算出には，圧力が 0.4 MPa 以下なので，メタンが理想気体であると仮定し，次式の状態方程式を用いた．

$$M = \frac{(V_r - V_l)}{R}\left(\frac{P_h}{T_h} - \frac{P_t}{T_t}\right) \quad (2\cdot9)$$

ここで，V_r は装置体積，V_l は溶液体積，$(V_r - V_l)$ は気相体積であり，P_h，T_h はそれぞれハイドレート形成開始時の圧力，温度，P_t，T_t はそれぞれ時間 t における圧力，温度，R は気体定数である．

ハイドレートへのメタン取込量はハイドレート形成開始直後では大きいが，その後徐々に小さくなり，最終的に

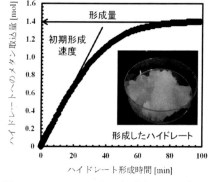

図 2・18　メタン取込量の経時変化と形成したハイドレート

はメタンを取り込まなくなる．この理由は，本実験は回分操作で行っているので，ハイドレート形成によるメタンガスの高密度化に伴い，気相圧力が低下し，ハイドレートと溶液が平衡になる圧力に近づくためである．さらに，圧力の低下によりメタンの溶液中への溶解度が小さくなることも影響していると考えられる．この図において一定になった値をハイドレートへのメタン取込量（ハイドレート形成量）とした．さらにハイドレート形成直後から，直線とみなせる領域の傾きからハイドレート初期形成速度を算出した．形成したハイドレートは写真のように氷状であった．

温度 280.8 K，ガス流量 1.4 L/min，液流量 23 L/min で実験を行い，ハイドレート形成へのファインバブル発生器の効果を検討した．ファインバブル発生器を用いた場合，ハイドレート形成速度は 0.066 mol/min，形成量は 1.55 mol，形成誘導時間は 35 s であった．一方，特殊ラインミキサーを取り外してポンプのみを用いた場合，形成速度は 0.031 mol/min，形成量は 0.95 mol，形成誘導時間は 270 s となり，ファインバブル発生器の利用によってハイドレート形成が促進できることがわかった．ファインバブル発生器を用いた方が，形成速度が高いのはファインバブルの導入により気液界面積が増加し，溶液へのメタンガス溶解速度が高くなるためである．形成誘導時間が短くなるのは，ファインバブルがハイドレート形成を開始する核として働いているためと思われる．形成量が多いのはファインバブルの持つ自己加圧効果によって局所的に圧力が高くなり，平衡が高圧側にシフトしたためと考えられる．

（４）ハイドレートの形成に及ぼす操作条件の影響

図 2・19 に形成速度，形成量，形成誘導時間に及ぼす液循環流量の影響を示す．液循環流量が高くなるほど，形成速度，形成量は増加し，形成誘導時間は短くなる．スタティックミキサー式の場合，ファインバブルの発生にけポンプ内の加圧溶解と特殊ラインミキサー内でのせん断力を利用するので液循環流量が多いほどファインバブルの発生量が多くなる．ファインバブルが多いほど，気液界面積が増加してメタンの溶解が促進し形成速度が高くなる．また，ファインバブルが持つ自己加圧効果によって形成量が増加する．さらに，ハイドレート

の核が増大して形成誘導時間は短くなると考えられる．

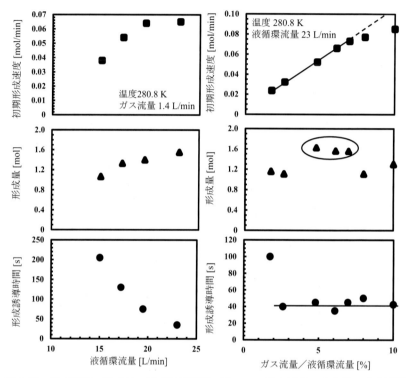

図2・19 形成速度，形成量，形成誘導時間に及ぼす液循環流量の影響

図2・20 形成速度，形成量，形成誘導時間に及ぼすガス流量の影響

　図2・20に形成速度，形成量，形成誘導時間に及ぼすガス流量の影響を示す．なお，ガス流量は0.4～2.3 L/minの間で変化させ，横軸は（ガス流量/液循環流量）とした．形成速度はガス流量とともに増加するが，7％までは直線的に増加し，その後，増加度合いがゆるやかになる．形成量は流量比が5～7％で最大となる．ファインバブルの発生状況を観察したところ，流量比が8％以下ではガス流量の増加とともにファインバブル発生量が多くなったが，8％以上になると，大きな気泡が共存するようになり，ファインバブルの量が少なくなった．これ

は，ファインバブルがミリバブルのウェークで吸収されるため[19]と考えている．形成誘導時間へのガス流量の影響は，流量比が1.7%の場合を除いてほとんど変わらないことから，核の形成には液を循環することが重要であるといえる．以上のことから，ファインバブル発生器の操作条件の最適化により，高速にメタンハイドレートを形成できることが明らかとなった．

2.6 おわりに

空気，オゾン，メタンをファインバブルにすることによって，油分回収，難分解性物質の分解，ハイドレート形成などのプロセスの高効率化や高性能化ができることを示した．また，ファインバブルは，超音波など他の方法との併用も比較的容易である．ファインバブルは，資源・環境プロセスにおいて環境負荷が低く，安全性の高く，メンテナンスがほとんど必要ない技術であるので，今後のさらなる研究開発や用途開発が大いに期待される．

参考文献

1) Takahashi, M.: *J. Phys. Chem. B*, **109**, 21858-21864 (2005)

2) Yasuda, K. and K. Haneda: *J. Chem. Eng. Japan*, **48**, 175-180 (2015)

3) Yasuda, K. and N. Ban: *J. Chem. Eng. Japan*, **45**, 672-677 (2012)

4) Xu, Z., K. Mochida, T. Naito and K. Yasuda: *Jpn., J. Appl. Phys.*, **51**, 07GD081-07GD086 (2012)

5) 安田啓司: 日本エネルギー学会誌, **93**, 1031-1037 (2014)

6) Lee, S. C. and H. C. Kim: *J. Membr. Sci.*, **367**, 190-196 (2011)

7) Kwon, W. T., K. Park, S. D. Han, S. M. Yoon, J. Y. Kim, W. Bae and Y. W. Rhee: *J. Ind. Eng. Chem.*, **16**, 684-687 (2010)

8) Maruyama, H., H. Seki and Y. Satoh: *Water Res.*, **46**, 3094-3100 (2012)

9) El-Kayar, A., M. Hussein, A. A. Zatout, A. Y. Hosny and A. A. Amer: *Sep. Tech.*, **3**, 25-31 (1993)

10) Shaw, D. J.: "Introduction to Colloid and Surface Chemistry", 3rd ed., p.187, Butterworth, London, U.K. (1980)

11) Migo, V. P., M. Matsumara, E. J. D. Rosario and H. Kataoka: *J. Ferment Bioeng.*, **75**, 438-442 (1993)

12) Satyawali, Y., and M. Balakrishnan: *J. Environ. Manage.*, **86**, 481-497 (2008)

13) Peña, M., M. Coca, G. Gonzáles, R. Rioja and M. T. García: *Chemosphere*, **51**, 893-900 (2003)

14) He, Z., S. Song, H. Zhou, H. Ying, J. Chen: *Ultrason. Sonochem.* **14**, 298-304 (2007)

15) 幸田和郎 ら: "マイクロバブル最前線", 共立出版, pp.147-164 (2009)

16) Eslamimanesh, A., A. H. Mohammadi, D. Richon, P. Naidoo and D. Ramjugernath, *J. Chem. Thermodyn.*, **46**, 62-71 (2012)

17) Xie, Y., G. Li, D. Liu, N. Liu, Y. Qi, D. Liang, K. Guo, and S. Fan, *Appl. Energy*, **87**, 3340-3346 (2010)

18) Mohammadi, A. H., J. F. Martinez-Lopez, and D. Richon, *Chem. Eng. Sci.*, **65**, 6059-6063 (2010)

19) 安田啓司, 坂東芳行: 混相流, **23**, 12-19 (2009)

第3章　装置における多相系シミュレーションの実際

3.1 はじめに

　本章では，分散系気液二相流のシミュレーションについて概説する．まず，今後開発する技術にシミュレーションを活用しようと目論む若手研究者や学生のために，簡単な導入をおこなう．次に，二相流シミュレーションの一般的な手法を紹介する．最後に，本分野における最近の動向を述べる．

3.2 シミュレーションをおこなうにあたって

　最近は計算機の発達が急速で，市販パッケージソフトも数多くある．その反面，計算内容がブラックボックス化する恐れがある．これを防ぐためにも，ぜひ自分でプログラムを組んでみて，数値計算の基礎を一度学んで欲しい．また古典的名著が 1970〜80 年代に多く出版されている．図書館などで探して，一度目を通して欲しい．絶版した書籍も多く若い学生にとって入手が難しいものもあるが，例えば文献 [1,2] は一読の価値がある．一部を引用すると，

　　“「計算機が計算したのだから」…（中略）…その結果が「目で見て大体もっともらしいから，計算には誤りがなく，結果は信頼できる」であろうとして，実際の設計の根拠としたり，論文に発表したりするのを見ると，膚寒い思いがする．”

とある．別の文献では，プログラミングに関する以下の心得が記されている．

- 見極めのためのプログラムは自分で作れ．製品プログラムはプログラマに任せよ
- 初めにプログラムの対象範囲を明確にせよ
- 初めはプログラムを単純化せよ
- 圧縮性流れのプログラムは非圧縮性流れのプログラムから始めるな
- プログラムを構造化せよ
- 自分が使うコンピュータを熟知せよ
- 時間ステップの大きさを限界近くにとるな
- デバックとテストは粗いメッシュを用いて何度も実行せよ
- 良いデバック機能とターンアラウンドの早いコンピュータの重要性を知れ
- 収束しないときは方程式の項の一部を消して誤りを切り離せ
- すべてのオプションの組み合わせを試みよ
- パラメータの範囲を広げて，プログラムの安定性と収束性を確かめよ
- 非線形性からくる不安定性を避けよ
- 単純な系でのデータをチェック用に使え

- 厳密解や実証された近似解，実験値と比較して精度を可能な限り確かめよ
- 境界条件まで含んだ解で可能な限り精度を確かめよ
- コンピュータおよびプログラミングの仕方で異なってくることを心に留めよ
- 時刻ごとに必要な結果だけを，また何回かに一度は全部の結果を出力せよ
- 計算結果よりも精度の良い図をかくな

上記は計算機シミュレーション創成期の研究者の言葉とあって本質を良く捉えており，説得力がある．心に留めておきたい．

基礎をきちんとおさえて賢く利用すれば，シミュレーションは極めて強力な設計支援ツールになる．幸い，プログラミングは簡単に実現できる時代になった．例えば，MATLAB[3]というソフトがある．流体力学ではベクトルや行列の知識が欠かせないが，MATLAB を使えばベクトルや行列の式が簡単に書ける．統計解析，制御系，画像処理のツールも充実している．学生の自習に良く利用されている一方，実用性が高いので多くの会社で活用されている．Microsoft Excel[4]は非常に有名なソフトであるが，VBA という機能を上手く使えば専門的な数値計算が実現できる（非常に便利なので，実験屋や設計屋などの方にもスキル習得をお奨めする）．Mathematica[5]は数式を調べる非常に強力なツールになるので，数学者でない方でも一度は触れていただきたい．これらは有償ソフトであるが，競合する無償ソフトもいくつか公開されている（Octave[6]など）．次に特筆すべき事項として，Microsoft Visual Studio[7]をはじめとした開発環境が無償で入手できることがある．これを導入すれば，Basic や C++などの計算や Windows，iOS 等の本格的な GUI（グラフィカルユーザーインターフェース）プログラミングが気軽に始められる．他に有名なフリーコンパイラーとして，GNU コンパイラコレクションがある．本格的で高速な計算をおこなうのであれば，Fortran が良く使われる．昔から使われているので誤解されやすいが，Fortran は決して古いプログラミング言語ではない．コンパイラも年々発展しており，仕様はFORTRAN 77 から Fortran 90/95, Fortran 2008 へと改良が進んでいる．最近のコンピュータは並列化プログラミングが欠かせないが，OpenMP[8]と呼ばれる規格が C/C++/Fortran に対応している．OpenMP はソースコードに追記するだけで並列化が可能なので，コード資産が活用できる．ただし，メモリが大きくなったり，スレッドを多数（例えば 12 以上）使ったりする場合には MPI を利用する必要がある．以上の環境を整えるには，コンピュータも含めて数十万円から始め

られる．その分，研究者や技術者に①現象のモデリング，②離散化とプログラミング，③チューニングと実行，④可視化，⑤検証する能力が求められる．この研鑽に努力が不可欠であることは言うまでもない．特に①と②は決してブラックボックス化せず，完成したソフトを活用する場合であっても，事前に良く理解してから実施して欲しい．

3.3　流れのシミュレーションの略史

　流れを数値計算で求める研究の礎を築いたのは，L. F. Richardson 教授と言われている [1]．微分方程式を離散化して数値的に解くというアイデアは 1910 年代に彼が提唱したが，その当時未だ電子計算機は登場していなかった．本格的なはじまりは，1960-70 年代の Los Alamos 研究所の一連の研究である．ここから，MAC 系解法（MAC 法 [9]，SMAC 法 [10]，SOLA 法 [11]），ICE 法 [12]，VOF 法 [11]，ALE 法 [13]などが開発されている．これに続くのは Imperial College で開発された，SIMPLE 系解法 [14]（SIMPLE 法，SIMPLEST 法，PISO 法）である．これらの方法は格子を用いる方法で，矩形格子から境界適合格子，非構造格子へと適用範囲を広げ，1980 年代の市販ソフト開発へとつながる．完成したソフトをエンジニアリングに使うという潮流は，有限要素法による構造計算（ただし線形解析）に比べて約 10 年遅かったと言われている [15]．原因として Navier-Stokes 方程式をあらゆる条件（層流と乱流，圧縮性と非圧縮性，ニュートン流体と非ニュートン流体など）で計算できる手法の確立が困難であったことが挙げられる．

　市販ソフトは数多く発表されているが，21 世紀に入ってビジネスが加速した．ANSYS 社 [16]が Fluent や CFX，ICEM CFD（格子生成ソフト）等と合併し，世界最大規模となった．2010 年代は北米の高業績企業によくランクインしている．同時にもう一つ大きな動きがあった．インターネット普及によるフリーソフトの拡大である．有名なソフトに OpenFOAM® [15,17]がある．OpenFOAM は 2004 年にオープンソース化され，現在は ESI 社が保有している．元々Linux 版であったが 2013 年には 64blt Windows 版も発表されている．表 3.1 に OpenFOAM を使った論文数の年間推移を示す．オープンソースの強みを活かし，指数関数的に増加していることが分かる．また，様々な研究者によってライブラリが開発され

ており，現在も進化を続けている．

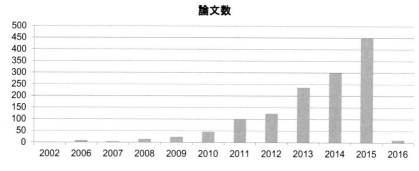

図 3·1　OpenFOAM を使った研究の論文数（出典：ScienceDirect.com）

3.4　二相流シミュレーションの分類

　元々，二相流の計算は管内流に代表される一次元計算から始まった．20世紀に蒸気機関が成熟して，発電所や化学プラントへと高度な設備が世界的に建設される際に，その熱交換器や伝熱管の気液二相流の安全設計は必須であった．

　一次元モデルの概要は，G. B. Wallis 教授の One-Dimensional Two-Phase Flow [18] に記載されている．また我が国では，赤川浩爾先生が書かれた我が国最初の書籍「気液二相流（1974，コロナ社）[19]」がある．これらの本も今やなかなか手に取って読む機会が少ない．昔はこれらを熟読して専門用語を学んだ人が多いので，混相流を研究しているベテランの先生に問い合わせてみるのも良いであろう．以下はその概略を紹介しているに過ぎない．

　最も簡単なモデルは均質流モデルである．これは気液間のスリップ速度がないと仮定する．高圧系では気体の密度が高くなって液相との密度差が小さくなるから，近似的に良く使用されてきた．その後，気液速度が無視できない系を対象として，スリップ比を考慮した Bankoff モデルが提案されている．さらに，N. Zuber 教授らによって Drift Flux モデルへと拡張されている．このモデルでは，気相速度と混相体の体積平均速度との差をドリフト速度と呼び，各流動様式に対して実験的に与えられている．以上のモデルは，一つの運動方程式を解くだけでよいから「一流体モデル」ともいわれる．ちなみに，第2章にある Volume of Fluid 法も一流体モデルと呼ぶことがある．これらに対して，気相と液相の運動方程式を別途に用意する二流体モデルがある．二流体モデルについては，後述する．二相流の用語や計算に慣れるため，以下の問題を解いていただきたい．

例題 3・1　内径 $D = 0.025\ m$，長さ $H = 10\ m$ の水平円管に $Q_G = 0.02\ m^3/s$，$Q_L = 0.005\ m^3/s$ で供給した．ここで下付添字は G および L はそれぞれ気相および液相を意味する．密度 $\rho_L = 1000\ kg/m^3$，$\rho_G = 1.2\ kg/m^3$，重力加速度 $g = 9.8\ m/s^3$，表面張力 $\sigma = 0.078\ N/m$，粘度 $\mu_L = 1.0 \times 10^{-3}\ Pa\cdot s$，$\mu_G = 1.0 \times 10^{-5}\ Pa\cdot s$ とせよ．

（1）次式を使って見かけ体積流束 J を推算せよ．

$$J_G = \frac{Q_G}{A},\ J_L = \frac{Q_L}{A}$$

ここで A は管の断面積である（計算を簡単にするため，管断面積は 1000 分の 1 の位を四捨五入）．

（2）以下の線図から流動様式を判定せよ（参考：化学工学便覧[21])．

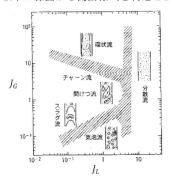

（3）以下の表からドリフト速度 v_{GJ} を計算せよ．簡単のため，$C_0 = 1.2$ とする．

流動様式	v_{GJ}	C_0
気泡流	$\sqrt{2}\left(\frac{\sigma g \Delta \rho}{\rho_L}\right)^{0.25}(1-\alpha_G)^n$ ($n = 1.5 \sim 2.0$)	円管の場合 $\left(1.2 - 0.2\sqrt{\frac{\rho_G}{\rho_L}}\right)[1-\exp(-18\alpha_G)]$
チャーン流	$\sqrt{2}\left(\frac{\sigma g \Delta \rho}{\rho_L}\right)^{0.25}$	矩形管の場合

スラグ流	$0.35\left(\frac{\sigma\Delta\rho D}{\rho_L}\right)^{0.5}$	$\left(1.35 - 0.35\sqrt{\frac{\rho_G}{\rho_L}}\right)[1 - \exp(-18\alpha_G)]$
環状流	$\dfrac{1-\alpha_G}{\alpha_G + 4\sqrt{\dfrac{\rho_G}{\rho_L}}}\left(\dfrac{\Delta\rho g D(1-\alpha_G)}{0.015\rho_L}\right)^{0.5}$	$1 + \dfrac{1-\alpha_G}{\alpha_G + 4\sqrt{\rho_G\rho_L}}$
環状噴霧流	$\dfrac{(1-\alpha_G)(1-E_d)}{\alpha_G + 4\sqrt{\dfrac{\rho_G}{\rho_L}}}\sqrt{\dfrac{\Delta\rho g D(1-\alpha_G)(1-E_d)}{0.015\rho_L}}$ $+\dfrac{E_d(1-\alpha_G)}{\alpha_G + E_d(1-\alpha_G)}\sqrt{2}\left(\dfrac{\sigma g\Delta\rho}{\rho_L}\right)^{0.25}$	$1 + \dfrac{1-\alpha_G}{\alpha_G + 4\sqrt{\rho_G\rho_L}}$
液滴流	$-\sqrt{2}\left(\dfrac{\sigma g\Delta\rho}{\rho_L^2}\right)^{0.25}$	1

$\Delta\rho = \rho_L - \rho_G$, E_d：液滴面積比

（４） ドリフトスラックスモデルから流速 v_G を計算せよ．

$$v_G = C_0(J_G + J_L) + v_{GJ}$$

（５） 次式から体積率 α_G，α_L，と速度 v_L を計算せよ．

$$\alpha_G = \frac{J_G}{v_G}, \qquad \alpha_L = 1 - \alpha_G, \qquad v_L = \frac{J_L}{\alpha_L}$$

（６） ガス単相と液単相の場合のレイノルズ数 Re_G，Re_L を計算せよ．

$$Re_G = \frac{\rho_G D v_G}{\mu_G}, Re_L = \frac{\rho_L D v_L}{\mu_L}$$

（７） 液単相の場合の圧力損失を，以下の Blasius の式から求めよ．

$$\lambda = \begin{cases} \dfrac{64}{Re} & 層流(Re < 2300) \\[2mm] 0.3164Re^{-0.25} & 乱流(Re > 2300) \end{cases}$$

$$\left(\frac{\Delta p}{\Delta z}\right)_L = \frac{\lambda}{2D}\rho_L v_L^2$$

（８） 以下の式から，二相増倍係数 Φ_L を求めよ．

$$X = \left(\frac{\rho_L Q_L}{\rho_G Q_G}\right)^{0.9}\left(\frac{\mu_L}{\mu_G}\right)^{0.1}\left(\frac{\rho_G}{\rho_L}\right)^{0.5}$$

$$\Phi_L = 1 + \frac{20}{X} + \frac{1}{X^2}$$

（９） 次式から，二相流の圧力損失を求めよ．

$$\left(\frac{\Delta p}{\Delta z}\right)_{TP} = \left(\frac{\Delta p}{\Delta z}\right)_{L} \Phi^2$$

$$\Delta p_{TP} = \left(\frac{\Delta p}{\Delta z}\right)_{TP} H$$

(解)

(1) $A = \pi D^2/4 = \pi \times 0.025^2/4 \cong 0.05 \ m^2$

$J_G = 0.02/0.05 = 0.4 \ m/s, \quad J_L = 0.005/0.05 = 0.1 \ m/s$

(2)

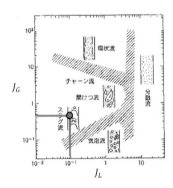

(3) $v_{GJ} = 0.35(g\Delta\rho D/\rho_L)^{0.5} = 0.35(9.8 \times (1000 - 1.2) \times 0.25/1000)^{0.5} \cong 0.55 \ m/s$

(4) $v_G = 1.2 \times (0.4 + 0.1) + 0.55 = 1.15 \ m/s$

(5) $\alpha_G = 0.4/1.15 \cong 0.35$

$\Rightarrow \alpha_L = 1 - 0.35 = 0.65$

$\Rightarrow v_L = 0.1/0.65 \cong 0.15 \ m/s$

(6) $Re_G = 1.25 \times 0.25 \times 1.15/(1.0 \times 10^{-5}) \cong 36000$

$\Rightarrow Re_L = 1000 \times 0.25 \times 0.15/(1.0 \times 10^{-3}) \cong 37500$

(7) $Re_L > 2300$ なので，乱流

$\Rightarrow \lambda = 0.3164 Re^{-0.25} = 0.3164 \times (37500)^{-0.25} \cong 0.023$

$\Rightarrow (\Delta p/\Delta z)_L = \lambda \rho_L v_L^2/(2D) = 0.023 \times 1000 \times 0.15^2/(2 \times 0.25) \cong 1.035$

(8)

$$X = \left(\frac{\rho_L Q_L}{\rho_G Q_G}\right)^{0.9} \left(\frac{\mu_L}{\mu_G}\right)^{0.1} \left(\frac{\rho_G}{\rho_L}\right)^{0.5} = \left(\frac{1000 \times 0.005}{1.2 \times 0.02}\right)^{0.9} \left(\frac{1.0 \times 10^{-3}}{1.0 \times 10^{-5}}\right)^{0.1} \left(\frac{1.2}{1000}\right)^{0.5} \cong 6.7$$

$$\Phi_L = 1 + \frac{20}{X} + \frac{1}{X^2} \cong 4$$

（９）

$$\left(\frac{\Delta p}{\Delta z}\right)_{TP} = \left(\frac{\Delta p}{\Delta z}\right)_L \Phi^2 = 1.035 \times 4^2 = 16.56$$

$$\Delta p_{TP} = \left(\frac{\Delta p}{\Delta z}\right)_{TP} H = 16.56 \times 10 = 165.6 \ Pa$$

この演習で，以下のことが実感できたであろうか．

・気体より液体が速く上昇し，ドリフト速度を生起させること．

・増倍係数によって，二相流では摩擦損失が増すこと．

3.5　単相流の計算手法

　　さらなる準備運動として，単相流の数値計算をおさらいする [20]．対象とし
て以下の準線形の１階偏微分方程式系を考える．

$$\frac{\partial \boldsymbol{u}}{\partial t} + A \frac{\partial \boldsymbol{u}}{\partial z} = \boldsymbol{B} \tag{3・1}$$

ここで，

A：$n \times n$　正方行列

$\boldsymbol{B}$：n 列ベクトル，u, t, z のみに依存

$\boldsymbol{u}$：n 個の従属変数の列ベクトル

領域：$a \leq z \leq b$，$t \geq 0$

初期条件：$\boldsymbol{u}(0, z) = \boldsymbol{g}(z)$

境界条件：$\boldsymbol{u} = \boldsymbol{u}_b$　または$\left. \frac{\partial u}{\partial z} = \frac{\partial u}{\partial z} \right|_b$　　場所は$z = a, z = b$

である．これに対し，以下を定義する．

＜定義1＞

「すべての十分に微分可能な初期値$g(z)$に対して連続的に依存する一意的な解を持つ」

⇒ 初期値問題として適切

今，ベクトル$\boldsymbol{B}$は収束性とは無関係なため除外する．

＜定理1＞

初期値問題は，係数行列Aが実固有値をもつとき，かつ，そのときに限り適切である．また解は，初期値に連続的に依存する．

$\boldsymbol{u} = \boldsymbol{u}(z, t)$：偏微分方程式の厳密解

$\boldsymbol{u}_j^n = \boldsymbol{u}(j\Delta z, n\Delta t)$：差分方程式の解析解（差分解）

（1） 差分スキームの収束性

固定した時刻tに対して$\Delta z \to 0, \Delta t \to 0$としたとき，$\boldsymbol{u}_j^n \to \boldsymbol{u}$となるか．

（2） 差分スキームの安定性

初期値問題に対する差分スキームによる差分解$\boldsymbol{u}_j^n$が，その任意の初期値$\boldsymbol{u}_j^0$に対し，

$$\|\boldsymbol{u}_j^n\| = M\|\boldsymbol{u}_j^0\| \tag{3・2}$$

（$M : t = n\Delta t$に依存する定数）が任意のt（$0 \leq n\Delta t < t$）に対して成り立つとき，すなわち，$\boldsymbol{u}_j^n$がnやjとともに指数関数的に増加しないとき，差分スキームは安定しているという．

（3） 差分スキームの適合性（正確度）

偏微分方程式を差分スキームで近似する場合，$\Delta z \to 0, \Delta t \to 0$のときに，その解が微分方程式の解に収束するような差分方程式で近似できる，あるいはそのような近似が可能であるとき，その差分スキームがあらわす差分方程式は元の偏微分方程式に適合するという．

$$\boldsymbol{u}(z, t + \Delta t) = Q(T, \Delta z)\boldsymbol{u}(z, t) + O(\Delta t^{m+1}) + O(\Delta z^{m+1}) \tag{3·3}$$

m：正整数．差分スキームの微分方程式に対する正確度

$Q(T, \Delta z)$：差分作用素

T：平行移動の操作（例えば，$T\boldsymbol{u}(z, t) = \boldsymbol{u}(z + \Delta z, t)$）

$O(\Delta t^m)$：Δt に関して m 次以上の項を集めたもの

正確度が $m \geq 1 \Rightarrow$ 差分スキームは元の偏微分方程式に対する適合条件を満たす

例題 3·2　　以下の方程式，

$$\frac{\partial u}{\partial t} + V\frac{\partial u}{\partial x} = 0$$

を $V \geq 0$ として一次風上差分をし，時間に関して Euler 前進差分した式

$$\frac{u_j^{n+1} - u_j^n}{\Delta t} + V\frac{u_j^n - u_{j-1}^n}{\Delta x} = 0$$

の安定性を調べよ．

（解）　　von Neumann の安定性解析を用いる

$u_j^{n+1} = g^{n+1} \exp(ij\theta)$

$u_j^n = g^n \exp(ij\theta)$

$u_{j-1}^n = g^n \exp(i[j-1]\theta)$

を代入する．ここで，$i = \sqrt{-1}$，θ は任意の位相である．

$g^{n+1} \exp(ij\theta) = g^n \exp(ij\theta) - c(g^n \exp(ij\theta) - g^n \exp(i[j-1]\theta)) = 0$

ここで $c = V\Delta t/\Delta x$ はクーラン数という．

$g^{n+1} \exp(ij\theta) = g^n \exp(ij\theta) - (1-c)g^n \exp(i[j-1]\theta)$

$\dfrac{g^{n+1}}{g^n} = 1 - (1-c)\exp(-i\theta) = (1 - c + c\cos\theta) - ic\sin\theta$

よって，

$$\left|\frac{g^{n+1}}{g^n}\right|^2 = 1 - 2c(1-c)(1-\cos\theta)$$

から，任意のθについて$0 \leq c \leq 1$であれば，$|g^{n+1}/g^n|^2 \leq 1$であり安定であることが分かる．

<定理 2（Lax の同等定理）>

「適切な初期値問題に対して，適合条件を満足する有限差分近似が与えられたとき，差分スキームの安定性はその差分スキームが収束性を有するための必要十分条件である」

つまり，von Neumann の安定性解析を用いてその安定性が確認された差分スキームはその収束性が保証される．この定理のおかげで，安定なスキームは収束した計算ができる．

次に単相流の計算スキームとして，Projection 法を紹介しよう．対象は以下の質量保存式

$$\nabla \cdot \boldsymbol{v} = 0 \tag{3・4}$$

とナビア―ストークス方程式

$$\rho\left[\frac{\partial \boldsymbol{v}}{\partial t} + \boldsymbol{v} \cdot \nabla \boldsymbol{v}\right] = -\nabla p + \mu \nabla^2 \boldsymbol{v} \tag{3・5}$$

である．ここで，$\boldsymbol{v}$ は速度，ρは密度，t は時刻，p は圧力，μは粘度である．まず，式(3・4)を時間に関して値を定義すると，

$$\nabla \cdot \boldsymbol{v}^{n+1} = 0 \tag{3・6}$$

となる．ここで，上付添字は時刻を意味する．すなわち，n が付くものは既知の変数，$n+1$が付くものは，この時間ステップで求めたい未知の変数であることを意味する．次に式(3・5)に対して，時間に関して離散化を施すと，

$$\frac{\boldsymbol{v}^{n+1} - \boldsymbol{v}^n}{\Delta t} + \boldsymbol{v}^n \cdot \nabla \boldsymbol{v}^n = -\frac{1}{\rho}\nabla p^{n+1} + \nu \nabla^2 \boldsymbol{v}^n \tag{3・7}$$

$\boldsymbol{v}^{n+1}$に関して整理すると，

$$v^{n+1} = -\frac{\Delta t}{\rho}\nabla p^{n+1} + G^n \tag{3・8}$$

ここで，G^nは次式によって時刻 n の値をまとめたものである．

$$G^n = v^n + \Delta t(-v^n \cdot \nabla v^n + \nu \nabla^2 v^n) \tag{3・9}$$

式(3・6)と(3・8)が Projection 法の基本となる．変数は，以下の図 3・1 に示す Staggered 格子を基本とする．

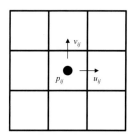 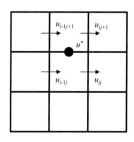 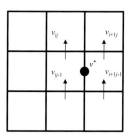

図 3・1　Staggered 格子

まず，圧力項を省略した速度予測子$\tilde{v}$を次式で定義する．

$$\tilde{v} = G^n \tag{3・10}$$

式(3・8)から(3・10)を引くと，

$$v^{n+1} - \tilde{v} = -\frac{\Delta t}{\rho}\nabla p^{n+1} \tag{3・11}$$

を得る．これが式(3・6)を満たすように代入して整理すると，

$$\frac{\nabla \cdot \tilde{v}}{\Delta t} = \nabla \cdot \left(\frac{1}{\rho}\nabla p^{n+1}\right) \tag{3・12}$$

この式は，以下のp^{n+1}に関するポアソン方程式と呼ばれる．p^{n+1}は三次元分布になっているが，離散化した式をベクトル状に並べた（この場合のベクトル成分は 3 成分ではなくて，例えば x 方向の格子数×y 方向の格子数×z 方向の格子数となる）p を使って，

$$Ap = b \tag{3・13}$$

と表すことができる．この式は，各種線形方程式の解法を使って求められる．例

えば，SOR 法や BiCGStab 法がある．紙面の都合上，解法は文献 [20]等を参照されたい．p^{n+1}が求まれば，式(3·11)を使って，v^{n+1}を更新する．

以下に，計算手順をまとめる．

(1) $\tilde{v}$を求める（式(3·10)）

(2) p^{n+1}を求める（式(3·12)）

(3) v^{n+1}を更新する（式(3·11)）

(4) 終了時刻まで(1)に戻って繰り返す．

Projection 法は簡単のため，上記の Euler 陽解法で記載したが，他の解法，Adams-Bashforth 法，Crack-Nicolson 法等を使って時間変化の精度向上を図っても構わない．

3.6 二流体モデル

ようやく，二流体モデルの準備ができた．ここでは，市販ソフト等で良く採用されている，気泡流に対する非圧縮性一圧力二流体モデルを紹介する [21,22]．

任意の体積θを持った液体中に気泡が分散する状況を考える．数密度n_G，密度ρ_G，1 個当たりの気泡体積θ_dとおく．内部に気相の生成や消滅（相変化など）がない場合，質量保存則として以下が考えられる．

$$\frac{D}{Dt}\int_{\theta}(n_G\rho_G\theta_d)d\theta = 0 \qquad (3\cdot14)$$

ここで，D/Dtは後述する物質微分を意味する．式(3·14)は「θ内に存在する気泡質量の総和は時空間変化がない」ことを意味する．ここで，系はオイラー座標系で取ったことを明示するために，式(3·14)を以下のように書き換える．

$$\frac{D}{Dt}\int_{\theta}(n_G\rho_G\theta_d)d\boldsymbol{x} = 0 \qquad (3\cdot15)$$

カーテシアン座標だと$d\theta = dxdydz$のように書ける．さらに，ラグランジュ座標系$\hat{\boldsymbol{x}}$，$\hat{\theta}$に置き換える．

$$\frac{D}{Dt}\int_{\hat{\theta}}(n_G\rho_G\theta_d)Jd\hat{\boldsymbol{x}} = 0 \qquad (3\cdot16)$$

ここで，Jは座標変換のときに使われるヤコビアンである．これで微分の順序を
入れ替えて展開する．

$$\int_{\hat{\theta}} \left[J \frac{D}{Dt}(n_G \rho_G \theta_d) + (n_G \rho_G \theta_d) \frac{DJ}{Dt} \right] d\hat{x} = 0 \tag{3·17}$$

Jについては以下の関係が分かっている（証明はベクトル解析の本などを参照さ
れたい）．

$$\frac{DJ}{Dt} = J(\nabla \cdot \boldsymbol{v}) \tag{3·18}$$

また，物質微分の定義から，

$$\frac{D}{Dt} = \frac{\partial}{\partial t} + (v \cdot \nabla) \tag{3·19}$$

式(3·18)と(3·19)を使って，式(3·17)を整理すると，

$$\int_{\hat{\theta}} \left[\frac{\partial}{\partial t}(n_G \rho_G \theta_d) + \nabla \cdot (n_G \rho_G \theta_d \boldsymbol{v}) \right] J d\hat{x} = 0 \tag{3·20}$$

再度，ラグランジュ座標系からオイラー座標系に戻すと，

$$\int_{\theta} \left[\frac{\partial}{\partial t}(n_G \rho_G \theta_d) + \nabla \cdot (n_G \rho_G \theta_d \boldsymbol{v}) \right] dx = 0 \tag{3·21}$$

これが任意のθについて成立するためには，被積分項が0でないといけないので，

$$\frac{\partial}{\partial t}(n_G \rho_G \theta_d) + \nabla \cdot (n_G \rho_G \theta_d \boldsymbol{v}) = 0 \tag{3·22}$$

やや長い式展開をおこなったが，式(3·22)は空間θ中にn_Gの数密度で分散してい
る時の質量保存式となる．もし$\theta \gg \theta_d$である場合は，$\alpha_G = n_G \theta_d$とみれば

$$\frac{\partial}{\partial t}(\alpha_G \rho_G) + \nabla \cdot (\alpha_G \rho_G \boldsymbol{v}) = 0 \tag{3·23}$$

となり，これが二流体モデルの質量保存式としてテキストやマニュアルに記載
されていることが多い．ここで「分散という仮説は，自分の計算で対象としてい
る現象では成立しているか」を自問自答して欲しい．図3·2(a)のように$\theta \gg \theta_d$
で分散相がほとんど点で表現できる場合には，分散とみなしても許容できる．
一方で，図3·2(b)のように領域の端点に大きな気泡（灰色の領域）がある場合は

127

分散と言えるであろうか．統計力学のように数密度を持ってランダムに配置されているというよりは，むしろ気相は連続体として取り扱いたくなる．さらに，合体や分裂が起こりうる気液二相流では個々の分散した粒子サイズθ_dが一定であるとは限らない．最近の市販ソフトは入力した形状に応じて自動でθを作成する機能まで備えたものがある．その場合，上記の問題を頭の隅に入れて時折チェックしてみて欲しい．

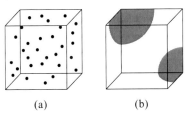

図 3・2　相の分散

前置きが長くなったが，二流体モデルでは，質量と運動量に相定義関数を乗じ，平均操作を施して基礎式を得る．平均操作は統計，空間，時間のいずれかになるが，一般的には混在する場合が多い．装置設計で重要なのは統計平均量である．ただし，エルゴード性を持つ場合，統計平均は時間平均値に等しいと仮定できる．そのため，計算結果は測定値の時間平均量と比較可能になる．

［質量保存式］

$$\frac{\partial \alpha_G \rho_G}{\partial t} + \nabla \cdot (\alpha_G \rho_G \boldsymbol{v}_G) = 0 \tag{3・24}$$

$$\frac{\partial \alpha_L \rho_L}{\partial t} + \nabla \cdot (\alpha_L \rho_L \boldsymbol{v}_L) = 0 \tag{3・25}$$

［運動量保存式］

$$\alpha_G \rho_G \left[\frac{\partial \boldsymbol{v}_G}{\partial t} + (\boldsymbol{v}_G \cdot \nabla) \boldsymbol{v}_G \right] = -\alpha_G \nabla p - \boldsymbol{M}_{GL} + \alpha_G \rho_G \boldsymbol{g} \tag{3・26}$$

$$\alpha_L \rho_L \left[\frac{\partial \boldsymbol{v}_L}{\partial t} + (\boldsymbol{v}_L \cdot \nabla) \boldsymbol{v}_L \right] = -\alpha_L \nabla p + \mu_L \nabla^2 \boldsymbol{v} + \boldsymbol{M}_{GL} + \alpha_L \rho_L \boldsymbol{g} \tag{3・27}$$

ここで，各式は単相流の質量，運動量方程式に体積率αを乗じたかのような形をしている．すなわち，$\alpha_G = 1, \alpha_L = 0$とおけば気相単相になるし，$\alpha_G = 0, \alpha_L = 1$と

けば液相単相の式になる．さらにこれらの式で注意して欲しい見方を以下に述べる：

① 基礎方程式は気相，液相の別々に構成する．気相に相互作用項M_{GL}の力が作用すれば，液相にはその反作用力として符号が逆になった$-M_{GL}$を付加する．二流体モデルの解の精度はM_{GL}の与え方に強く依存する．

② 圧力は気相と液相とで一様とみなす．実際には気泡側が表面張力で高くなっていることが多いが，補正が有効であると指摘した論文数は若干である．

③ 気相は気泡とみなすので，連続体を構成しない．だから，気相側の粘性項は考慮しなくて良い．ナビエ−ストークス方程式からでなく，質点の運動方程式から導出する観点もある．

④ 気相の方程式が一種類ということは，気泡径が格子内で一様と仮定していることに他ならない．これは界面積濃度輸送式や，ポピュレーションバランスモデルによって空間変化を求める試みがなされている．ちなみに，界面積濃度輸送はボルツマン方程式の類推から導出されている．

M_{GL}は界面力の積分なので，次式で正確に定義できる．

$$M_{GL} = \frac{1}{\theta}\int_S \sigma \cdot dS \tag{3・28}$$

ここでθはセル体積，S はセル内の界面積，σは界面に作用する応力を意味する．Volume of Fluid 法等ではσやS が数値的に求まるので，M_{GL}が計算で自動的に考慮される．しかし，二流体モデルでは平均化操作によって気液界面の情報が消失してしまっているので，M_{GL}を明示的に与えなくてはならない．一般には単一気泡に作用している力を平均化して線形重畳して与えている．

$$M_{GL} = M_D + M_{VM} + M_L + M_W + M_{other} \tag{3・29}$$

ここで，M_Dは抗力，M_{VM}は仮想質量力，M_Lは揚力，M_Wは壁力，M_{others}はその他の力である．気泡間の干渉を考慮することはなかなか難しく，抗力に群の効果を入れたり，M_{others}を付加した上で感度解析したり（文献[23]）して工夫する．特に，抗力と仮想質量力は数値計算上，注意して取り扱う必要がある．抗力は速度に負のフィードバックを及ぼす効果があるので，陽解法のように取り扱

うと安定化のために時間刻み幅を極端に小さくとる必要がある．乱流エネルギーの消散項や化学反応の消散項も同様で，時折，陰的または半陰的な取り扱いが計算上有効なことは覚えておいてほしい．

単一気泡の抗力 $\boldsymbol{F}_D$ は，次式で与えられる．

$$F_D = \frac{1}{2} C_D \rho_L S v_R^2 \tag{3.30}$$

ここで，C_D は抗力係数，S は投影面積，$\boldsymbol{v}_R$ は相対速度である．二流体モデルに使用する単位体積当たりの抗力 $\boldsymbol{M}_D$ は $\boldsymbol{F}_D$ を平均化した次式で与える．

$$\boldsymbol{M}_D = \frac{3}{4d} \alpha_G C_D \rho_L |\boldsymbol{v}_G - \boldsymbol{v}_L| (\boldsymbol{v}_G - \boldsymbol{v}_L) \tag{3.31}$$

ここで，d は気泡径である．また，$S = \pi d^2/4$，$n/\theta = 6\alpha/\pi d^3$，$\boldsymbol{v}_R = \boldsymbol{v}_G - \boldsymbol{v}_L$ を使用した．

さらに気液二相流では仮想質量力も無視できない．仮想質量力とは，気泡が加速時に受ける力で，質量として気泡密度に加えて周囲の流体を排除させる必要があるために付加される．室温，大気圧系の水－空気系では，気液の密度比が約 830 倍あるから影響は無視できず，結果として加速が緩やかになるから数値計算の安定化としても効果が大きい．二流体モデルでは，次式で与える．

$$\boldsymbol{M}_{VM} = \alpha_G C_{VM} \rho_L \left[\frac{D\boldsymbol{v}_G}{Dt} - \frac{D\boldsymbol{v}_L}{Dt} \right] \tag{3.32}$$

式(3.31)や(3.32)を基礎式に適用した，冨山教授ら[24]の解法を紹介する．気相側の運動量保存式(3.26)に(3.31)，(3.32)を代入し，時間に関して離散化して整理すると次式を得る．

$$\frac{\boldsymbol{v}_G^{n+1} - \boldsymbol{v}_G^n}{\Delta t} + (\boldsymbol{v}_G^n \cdot \nabla) \boldsymbol{v}_G^n = -\frac{1}{\rho_G} \nabla p - K_G(\boldsymbol{v}_G^{n+1} - \boldsymbol{v}_L^{n+1})$$
$$- R_G \left[\frac{\boldsymbol{v}_G^{n+1} - \boldsymbol{v}_G^n}{\Delta t} + (\boldsymbol{v}_G^n \cdot \nabla)\boldsymbol{v}_G^n - \frac{\boldsymbol{v}_L^{n+1} - \boldsymbol{v}_L^n}{\Delta t} + (\boldsymbol{v}_L^n \cdot \nabla)\boldsymbol{v}_L^n \right] + \alpha_G \rho_G \boldsymbol{g} \tag{3.33}$$

ここで，

$$K_G = \frac{3}{4} \frac{C_D \rho_L}{d \rho_G} |\boldsymbol{v}_G^n - \boldsymbol{v}_L^n| \tag{3.34}$$

$$R_G = \frac{C_{VM}\rho_L}{\rho_G} \tag{3.35}$$

とする．書き換えると，

$$(1 + R_G + \Delta t K_G)\boldsymbol{v}_G^{n+1} - (R_G + \Delta t K_G)\boldsymbol{v}_L^{n+1} = -\frac{\Delta t}{\rho_G}\nabla p + \boldsymbol{G}_G^n \tag{3.36}$$

ここで，$\boldsymbol{G}_G^n$は既知の項をまとめて次式とする．

$$\boldsymbol{G}_G^n = \boldsymbol{v}_G^n - \Delta t(\boldsymbol{v}_G^n \cdot \nabla)\boldsymbol{v}_G^n + \boldsymbol{g}\Delta t - R_G\Delta t\left[\frac{-\boldsymbol{v}_G^n}{\Delta t} + (\boldsymbol{v}_G^n \cdot \nabla)\boldsymbol{v}_G^n + \frac{\boldsymbol{v}_L^n}{\Delta t} - (\boldsymbol{v}_L^n \cdot \nabla)\boldsymbol{v}_L^n\right] \tag{3.37}$$

液相の式についても同様に導出して，次式を得る．

$$-(R_L + \Delta t K_L)\boldsymbol{v}_G^{n+1} + (1 + R_L + \Delta t K_L)\boldsymbol{v}_L^{n+1} = -\frac{\Delta t}{\rho_L}\nabla p + \boldsymbol{G}_L^n \tag{3.38}$$

$$\boldsymbol{G}_L^n = \boldsymbol{v}_L^n - \Delta t(\boldsymbol{v}_L^n \cdot \nabla)\boldsymbol{v}_L^n + \boldsymbol{g}\Delta t + R_L\Delta t\left[\frac{-\boldsymbol{v}_G^n}{\Delta t} + (\boldsymbol{v}_G^n \cdot \nabla)\boldsymbol{v}_G^n + \frac{\boldsymbol{v}_L^n}{\Delta t} - (\boldsymbol{v}_L^n \cdot \nabla)\boldsymbol{v}_L^n\right] \tag{3.39}$$

$$K_L = \frac{3}{4}\frac{C_D\alpha_G}{d\alpha_L}|\boldsymbol{v}_G^n - \boldsymbol{v}_L^n| \tag{3.40}$$

$$R_L = \frac{C_{VM}\alpha_G}{\alpha_L} \tag{3.41}$$

式(4.36)と(4.38)をまとめて以下の行列形式で記述する．

$$\begin{pmatrix} (1 + R_G + \Delta t K_G) & -(R_G + \Delta t K_G) \\ -(R_L + \Delta t K_L) & (1 + R_L + \Delta t K_L) \end{pmatrix}\begin{pmatrix} \boldsymbol{v}_G^{n+1} \\ \boldsymbol{v}_L^{n+1} \end{pmatrix} = -\Delta t\begin{pmatrix} \dfrac{1}{\rho_G} \\ \dfrac{1}{\rho_L} \end{pmatrix}\nabla p + \begin{pmatrix} \boldsymbol{G}_G^n \\ \boldsymbol{G}_L^n \end{pmatrix} \tag{3.42}$$

左辺の 2×2 行列を A，その逆行列をA^{-1}とおけば，次式を得る．

$$A\begin{pmatrix} \boldsymbol{v}_G^{n+1} \\ \boldsymbol{v}_L^{n+1} \end{pmatrix} = -\Delta t\begin{pmatrix} \dfrac{1}{\rho_G} \\ \dfrac{1}{\rho_L} \end{pmatrix}\nabla p + \begin{pmatrix} \boldsymbol{G}_G^n \\ \boldsymbol{G}_L^n \end{pmatrix} \tag{3.43}$$

$$\begin{pmatrix} \boldsymbol{v}_G^{n+1} \\ \boldsymbol{v}_L^{n+1} \end{pmatrix} = -\Delta t A^{-1}\begin{pmatrix} \dfrac{1}{\rho_G} \\ \dfrac{1}{\rho_L} \end{pmatrix}\nabla p + A^{-1}\begin{pmatrix} \boldsymbol{G}_G^n \\ \boldsymbol{G}_L^n \end{pmatrix} \tag{3.44}$$

ここで，以下のように変数を書き換える．

$$A^{-1} = \begin{pmatrix} a & b \\ c & d \end{pmatrix} = \begin{pmatrix} (1 + R_G + \Delta t K_G) & -(R_G + \Delta t K_G) \\ -(R_L + \Delta t K_L) & (1 + R_L + \Delta t K_L) \end{pmatrix} \tag{3.45}$$

$$\begin{pmatrix} \dfrac{1}{\rho_G^*} \\ \dfrac{1}{\rho_L^*} \end{pmatrix} = A^{-1} \begin{pmatrix} \dfrac{1}{\rho_G} \\ \dfrac{1}{\rho_L} \end{pmatrix} = \begin{pmatrix} \dfrac{a}{\rho_G} + \dfrac{b}{\rho_L} \\ \dfrac{c}{\rho_G} + \dfrac{d}{\rho_L} \end{pmatrix} \tag{3.46}$$

$$\begin{pmatrix} \boldsymbol{G}_G^* \\ \boldsymbol{G}_L^* \end{pmatrix} = A^{-1} \begin{pmatrix} \boldsymbol{G}_G^n \\ \boldsymbol{G}_L^n \end{pmatrix} = \begin{pmatrix} a\boldsymbol{G}_G^n + b\boldsymbol{G}_L^n \\ c\boldsymbol{G}_G^n + d\boldsymbol{G}_L^n \end{pmatrix} \tag{3.47}$$

(3.44)は以下のようにあらわせる．

$$\begin{pmatrix} \boldsymbol{v}_G^{n+1} \\ \boldsymbol{v}_L^{n+1} \end{pmatrix} = -\Delta t \begin{pmatrix} \dfrac{1}{\rho_G^*} \\ \dfrac{1}{\rho_L^*} \end{pmatrix} \nabla p + \begin{pmatrix} \boldsymbol{G}_G^* \\ \boldsymbol{G}_L^* \end{pmatrix} \tag{3.48}$$

または

$$\boldsymbol{v}_k^{n+1} = -\frac{\Delta t}{\rho_k^*} \nabla p + \boldsymbol{G}_k^* \qquad (k = G, L) \tag{3.49}$$

式(3.49)は単相流の式(3.8)に類似している．そこで，式(3.49)にも Projection 法を適用してみよう．まず，式(3.24)と(3.25)を足し合わせて次式を得る．

$$\nabla \cdot (\alpha_G \boldsymbol{v}_G^{n+1} + \alpha_L \boldsymbol{v}_L^{n+1}) = 0 \tag{3.50}$$

式(3.49)の圧力項を無視した速度予測子を定義する．

$$\widetilde{\boldsymbol{v}}_k = \boldsymbol{G}_k^* \qquad (k = G, L) \tag{3.51}$$

式(3.49)から式(3.51)を引くと

$$\boldsymbol{v}_k^{n+1} - \widetilde{\boldsymbol{v}}_k = -\frac{\Delta t}{\rho_k^*} \nabla p \qquad (k = G, L) \tag{3.52}$$

を得る．これを式(3.50)に代入して，

$$\frac{\nabla \cdot (\alpha_G \widetilde{\boldsymbol{v}}_G + \alpha_L \widetilde{\boldsymbol{v}}_L)}{\Delta t} = \nabla \cdot \left(\frac{\alpha_G}{\rho_G^*} + \frac{\alpha_L}{\rho_L^*} \right) \nabla p \qquad (k = G, L) \tag{3.53}$$

これが二流体モデルで使用される，圧力のポアソン方程式である．

以下に，計算手順をまとめる．

(1) $R_k, K_k, \boldsymbol{G}_k^n$を求める（式(3.34)，(3.35)，(3.37)，(3.39)，(3.40)，(3.41)）

132

(2) ρ_k^*, G_k^* を求める（式(3·46), (3·47)）

(3) $\bar{v}_k$ を求める（式(3·51)）

(4) p^{n+1} を求める（式(3·53)）

(5) v_k^{n+1} を更新する（式(3·52)）

(6) α_k を求める（式(3·24)など）

(7) 終了時刻まで(1)に戻って繰り返す.

　数値計算上，二流体モデルを安定かつ精度良く解くうえで，特に注意していただきたい点を述べる.

【構成式に関する注意】

　(1) 抗力は半陰的に取り扱え.

　(2) 仮想質量力を考慮せよ.

　(3) 気泡径をどう判断したかを確認せよ. また体積率が 10%以上になったときは，気泡どうしの干渉を確認せよ.

　(4) 壁の効果は必要か確かめよ.

　(5) 高度な乱流モデルを使っても，検証がなければ精度向上は確約されないと心得よ.

　(6) 他の影響因子はないか，確認せよ.

【数値計算に関する注意】

　(7) まずは移流項に安定なスキームを用いて，安定性を確保してから精度を上げよ.

　(8) 一方，体積率の輸送にはできるだけ三次精度以上のスキームを使え.

　(9) 格子は細かければ良いとは限らない.

　実際に，実験で気泡径を求めた人はどのくらいいるだろうか. 低い体積率（例えば 3%以下）であれば気泡は回転楕円体に近く，大きさは比較的容易に求められる. しかし，10%を超えると気泡が三次元的に重なり合う上，単一ではなく塊状になって上昇することがある. そのような実験で出たデータは，画像を確認した人の主観による場合が出るので，注意が必要である. 参考までに，図 3·3 に気泡流のスナップショット [25]を示す. 塔径は 0.3m，α_G は高い所で約 5%である.

　最後に，二流体モデルは初期値問題として不適切な場合があることを指摘しておく. 詳しくは文献 [21]を参照されたい. 単相流や一流体モデルでは数値粘性は非物理的な誤差として嫌われるが，二流体モデルでは不適切性を回避するた

め，故意に与えることがある．ただし，本質的な解決とはならない．これは二流体モデルの構成式の問題であり，これに関しては Ueyama 教授の指摘[26]がある．今後も高精度な二流体モデルの開発に，ぜひ若手研究者の挑戦を期待したい．

図 3·3　気泡のスナップショット（$J_G = 0.015\ m/s$）

3.7　二流体モデルの計算事例

　これまでいろいろな難点も述べたが，それでも二流体モデルは工学的に最も利用されている二相流の計算モデルである．計算負荷が気泡の数に依存しないうえ，計算格子サイズが気泡径よりも大きく取れることから三次元計算が高速にできるためである．例えば，塔径 4m，高さ 10m の化学プロセスの気泡塔を他のモデルで計算するのは，そう容易なことではない．実際に試して欲しい．筆者は実規模を対象に，液相反応と熱，ガス吸収まで考慮した 3 時間ほどの過渡二相流を，パーソナルコンピュータを用いて 1 ケース約 5 日で計算した．この経験から言って，実用性を考えれば当面は二流体モデルの工学的重要性は失われないものと考える．同じ状況は乱流モデルにもある．流体力学会刊行物「ながれ」第 35 巻第 3 号（2016 年 6 月）[27]によれば，"直接数値計算や LES が汎用的かつ日常的に設計開発業務で利用されるようになるには，コンピュータの処理能力の向上…（中略）…が必要であり，産業界では当分の間は現状のようなレイノルズ平均モデルを駆使した設計開発が続けられると思われる"，"仮に LES による大規模な市街地環境解析によって得られた膨大な時・空間の 4 次元データが提供されたとしても，設計者や政策決定者はどう判断してよいか分からず戸惑うばかりではないか？"などの指摘が記載されている．ほぼ同じ状況が二相流モデルにも当てはまっているのではないだろうか．

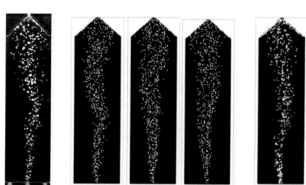 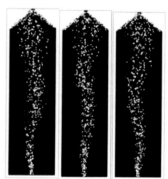

(a) 実験　　　　(b) 二流体モデル　　　　　(c) 6 流体モデル

図 3・4　気泡プルームの計算例

図 3・4 に気泡プルームの計算例を示す [28]．比較のために図 3・4(a)に実験による観察の一部を載せている．気泡プルームは上昇するときに，周囲に液体の循環渦を形成する．この渦との干渉によって，プルームが左右に揺動することがある．図(b)は二流体モデルで計算した結果である．二流体モデルでは平均径で均一な気泡しか取り扱えないが，観察の図を良く見ると気泡径は分布していることが分かる．そこで，6 種類の気泡径を取り扱った計算を図(c)に示す．6 流体モデルと言うと難しそうだが，前述の式(3・42)の行列が拡張されものである．詳細は文献 [28] を参照されたい．揺動の再現性が良くなっていることが分かる．

図 3・5 に pH=13.3 の NaOH 水溶液に CO_2 気泡を供給して中和させた計算例を示す [29]．熱やガス吸収，化学反応をカップリングさせる計算方法は文献 [29] を参照されたい．図(a)は色で pH（白 12.5―黒 13）を，線で 0.2%毎に α_G をあらわしている．供給から約 90 秒まではガスがよく吸収されているが，やがて pH の低下に伴って α_G が広範囲化している．図(b)は液相中のモル濃度（白 0―黒 5 mol/m³）をあらわしており，その傾向は α_G と類似している．このため，溶解過程が律速であることが分かる．図(c)は温度分布（黒 21.8―白 27.8℃）をあらわす．中和熱によって温度が上昇するが，気泡流によって液相が混合されているので空間分布はほとんどみられない．図 3・6 に pH の時間変化を実験結果と比較した図を示す．pH が二段階で低下していく様子が良く再現できている．

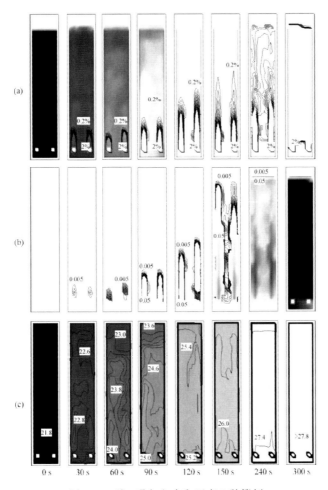

図 3・5 ガス吸収と中和反応の計算例

3.8 おわりに

本章では，分散系気液二相流のシミュレーションについて概説した．最後に Zuber 教授の言葉[30]を引用する．彼は「The Effects of Complexity, of Simplicity and of Scaling in Thermal-Hydraulics(T-H)（熱流動における複雑さと簡単さとスケー

リングの影響)」と題した特別公演をおこなっている．この中で複雑化してゆく計算コードによって逆に現象を把握する能力が低下する危険性に警鐘を鳴らしている．また，熱流動現象に関する解析は3つのスケール化(マクロ(系)・メソ(格子)・ミクロ(散逸構造))を通しておこなうことで効率が得られることを指摘している．これは，全ての工学解析に当てはまるものであろう．他の章では，様々なスケールや現象について取り扱っている．ぜひ精読し，多様なアプローチで現象を把握する能力を養っていただきたい．

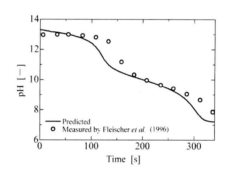

図3・6　pHの変化

参考文献

1) 伊理正夫，藤野和建："数値計算の常識"，共立出版（1985）
2) P.J.Roche 著, 高橋亮一編訳："コンピュータによる流体力学＜上＞＜下＞"，構造計画研究所（1978）
3) http://jp.mathworks.com/products/matlab/
4) https://products.office.com/ja-jp/excel
5) https://www.wolfram.com/mathematica/index.ja.html
6) https://www.gnu.org/software/octave/
7) https://www.microsoft.com/ja-jp/dev/default.aspx
8) http://openmp.org/wp/
9) F. H. Harlow and J. E. Welch : "Numerical calculation of time-dependent viscous incompressible flow of fluid with free surface", Physics of Fluids, 8, 2182-2189 (1965)
10) A. A. Amsden and F. H. Harlow : "A simplified MAC technique for incompressible fluid flow calculations", Journal of Computational Physics, 6, 322-325 (1970)
11) B. D. Nichols, C. W. Hirt and R. S. Hotchkiss : "SOLA-VOF : A solution algorithm for transient fluid flow with multiple free boundaries", Los Alamos National Labolatry, Technical Report LA-8355 (1980)
12) L. D. Clotman, C. W. Hirt and N. C. Romero : "SOLA-ICE : A numerical solution algorithm

for transient compressible fluid flows", Los Alamos National Labolatry, Technical Report LA-6236 (1976)

13) C. W. Hirt, A. A. Amsden and J. L. Cook : "An arbitrary Lagrangian-Eulerian computing method for all flow speeds", Journal of Computational Physics, 14, 227-253 (1972)

14) S. V. Patankar 著, 水谷幸夫, 香月正司訳 : "コンピュータによる熱移動と流れの数値解析" 森北出版 (1985)

15) F. Moukalled, L. Mangani and M. Darwith : "The finite volume method in computational fluid dynamics", Springer (2015)

16) http://www.ansys.com/ja-JP

17) http://www.openfoam.com/

18) G. B. Wallis : "One-dimensional two-phase flow", Mcgraw-Hill (1969)

19) 赤川浩爾 : "気液二相流", コロナ社 (1974)

20) 高橋亮一, 棚町芳弘 : "差分法", 培風館 (1991)

21) 日本原子力学会熱流動部会編 : "気液二相流の数値解析", 朝倉書店 (1993)

22) M. Ishii and T. Hibiki : "Thermo-fluid dynamics of two-phase flow", Springer (2006)

23) 島田 直樹, 冨山 明男, Iztok Zun, 浅野 浩幸, "気泡塔内気泡流数値予測に必要となる相関式の感度解析", 化学工学論文集, 29, 6, 778-786 (2003)

24) 冨山明男, 片岡勲, 大川富雄, 平野雅司 : "非圧縮性多次元二流体モデルの数値解法 (構成方程式の評価に適する解法)" 機械学会論文集 B 編, 59, 566, 3003‑3008, (1993).

25) N. Shimada, R. Saiki, A. Dhar, K. Mizuta and A. Tomiyama : "Liquid mixing in a bubble column", Journal of Chemical Engineering of Japan, 45, 9, 6323-638 (2012)

26) K. Ueyama : "A study of two-fluid model equations", Journal of Fluid mechanics, 690 474-498 (2012)

27) A. Tomiyama and N. Shimada : "A Numerical Method for Bubbly Flow Simulation Based on a Multi-Fluid Model" Journal of Pressure Vessel Technology, 123, 4, 510–516, (2001).

28) 島田直樹, 冨山明男, 前川宗則, 鈴田哲也, 尾崎達也 : "化学反応・ガス吸収・熱輸送を伴う気泡塔内気泡流の数値解法", 化学工学論文集, 31, 6, 377-387 (2005)

29) N. Zuber : "The Effect of Complexity, of Simplicity and of Scaling in Thermal-Hydraulics (T-H)", on CD-ROM of 9th. International Topical Meeting on Nuclear Reactor Thermal Hydraulics(NURETH－9) (1999)

30) http://www.nagare.or.jp/publication/nagare/archive/2016/3.html

第4章　粉体・混相流の数値シミュレーションの基礎・応用

4.1 はじめに

　粉体や粉体を含む混相流は，自然界はもちろんのこと，産業界のいたるところで目にする．このような粉体と我々人類のつきあいはとても長く，人類が道具を使い始めてからずっと続いていると言っても過言ではない．化学工学では，粉体に関する技術は機械的単位操作として扱われ，粉砕，混合・成形，造粒，流動を中心に研究がなされている．これらのプロセスにおいて，固体粒子の大きさにより，取り扱いが変わる可能性がある．近年では，ナノテクノロジーという言葉もよく耳にするようになり，微粒子に関する研究や製品開発も活発に行われるようになってきた．微粒子に特有の現象を理解しながら取り扱う必要があり，粉体は固体粒子の大きさにより現象が異なることが知られている．本章の数値シミュレーションの対象とする粉体は，比較的大きい（100μm よりも大きく，付着力が粉体の流動に大きく影響しない）固体粒子を対象とする．

　粉体や混相流の数値シミュレーション技術は，計算機の発展とともに進歩していると言える．新しいハードウェアの誕生とともに，粉体や混相流の数値シミュレーションの大規模化や高速化が促進されているばかりでなく，計算負荷が大きな計算手法も新たに開発される．本章では，粉体および粉体を含む混相流の数値シミュレーションに着目する．粉体のモデリングに関しては，Discrete Element Method[1]（以下，DEM と記す）について記述する．DEM は，弾性反発，粘性減衰および摩擦を考慮して，粉体を構成する個々の固体粒子を模擬する計算手法であり，粉体や粉体を含む混相流の世界標準の手法と言っても過言ではない．本章では，主として DEM が係わる産業体系における粉体および混相流の数値シミュレーションの応用事例について示す．

4.2 化学工学における DEM の歴史

　DEM は Cundall and Strack[1]により開発され，もともと岩盤の力学的挙動を模擬するために開発された．粉体の力学挙動も岩盤と同様に連続体力学では模擬しづらいため，DEM が応用されるようになった．化学工学における DEM の数

値シミュレーションの歴史を紐解く際，辻裕大阪大学名誉教授と日高重助同志社大学名誉教授の研究成果を抜きには語れない．まずは，両先生の研究成果を簡単に述べたい．

辻裕先生は，DEM と Computational Fluid Dynamics（以下，CFD と記す）を連成した固体-流体連成問題の数値解析手法（以下，DEM-CFD 法[2]と記す）を世界に先駆けて開発した．トムソンロイター社の Web of science によると，DEM-CFD 法の引用数は，800 を上回っており（2016 年 5 月現在），この引用数は混相流の数値シミュレーションの数値解析手法においてずば抜けている．DEM-CFD 法では，局所体積平均[3]に基づく支配方程式が使用されており，CFD の格子幅は固体粒子よりも十分に大きくする．DEM-CFD 法のアプリケーションのひとつに，産業応用においてインパクトの高い流動層があったり，コンピュータの性能向上により固体-流体連成問題のシミュレーションが現実的になったりしたため，原著論文の引用数が増加している．このほかにも，辻裕先生は DEM の計算効率化においても独創的な提案をしている．DEM-CFD 法では，DEM の時間刻みが計算負荷を決める．具体的に言うと，DEM の時間刻みは，固体粒子の材料物性（剛性，すなわち弾性バネ）で決まる．辻裕先生は，流動層の体系において，DEM のバネ定数を小さくして時間刻みを大きくしても，粉体のマクロ挙動にほとんど影響を及ぼさないことを検証した[2]．辻裕先生の DEM における貢献度（特に，DEM-CFD 法による流動層の数値シミュレーション[4,5]）は大きく，国際学術雑誌で退官特集号が刊行された．

日高重助先生は，DEM の 3 次元化や現実的な問題への応用において化学工学分野に大きく貢献された．さらに，DEM が様々な分野に応用できる可能性を見いだされた．国内外の研究者がまだ 2 次元体系のシミュレーションを実行していたときに，日高先生は世界に先駆けて 3 次元 DEM シミュレーションの研究に取り組まれた．DEM に関しては，転がり抵抗や回転抵抗モデルを独自開発されるとともに，衝突判定の効率化[6]にも取り組まれた．固体-流体連成問題にも積極的に取り組まれ，DEM-CFD 法のビーズミル[7]や粉末金型充填への応用が試みられた．Constrained Interpolation Profile Scheme（CIP）法と DEM を組み合わせ[8]た固気液三相流の数値シミュレーション手法を新たに開発し，固気液三相問題

の数値シミュレーションも世界に先駆けて取り組まれた．また，最新のハードウェアも積極的に利用し，スーパーコンピュータを使用して高速かつ大規模なDEM シミュレーションの研究 [9]にも取り組まれた．DEM このように，日高重助先生により，DEM が工学において様々な体系に応用できる可能性を見いだされた．

4.3 DEM

先に述べたように，DEM は Cundall and Strack により開発された計算手法であり，弾性反発，粘性減衰および摩擦を考慮して，固体粒子に作用する相互作用力を評価する．ここでは，DEM について概要を述べる．

DEM はフォークトモデルに基づいており，固体粒子に作用する接触力は，バネ，ダッシュポットおよびフリクションスライダーにより模擬される．DEM は固体粒子を変形しない剛体としてモデル化するが，固体粒子相互作用時のオーバーラップを許容する．線形バネで固体粒子に作用する弾性力を評価する場合，弾性力をフックの法則に基づいて模擬し，弾性力の法線方向成分は，先に述べたオーバーラップを変位の法線方向成分とし，それにバネ定数を掛け合わせることにより得られる．弾性力の接線方向成分は，固体粒子が表面で滑る場合と滑らない場合で場合分けを行う．固体粒子表面で滑らない場合は法線方向成分と同様のやり方でモデル化し，固体粒子表面で滑る場合は固体粒子間の摩擦を考慮する．DEM では，並進運動とともに回転運動も計算する．これらを式で示すと，並進運度について，接触力 $\boldsymbol{F}_C$ の法線方向成分（n）および接線方向成分（t）は，それぞれ，

$$\boldsymbol{F}_{C_n} = -k\boldsymbol{\delta}_n - \eta\boldsymbol{v}_n \tag{4・1}$$

$$\boldsymbol{F}_{C_t} = \begin{cases} -k\boldsymbol{\delta}_t - \eta\boldsymbol{v}_t \\ -\mu\left|\boldsymbol{F}_{C_n}\right|\boldsymbol{v}_t/|\boldsymbol{v}_t| \end{cases} \tag{4・2}$$

のように記述される．また，回転運動は，

$$\dot{\boldsymbol{\omega}} = \frac{\boldsymbol{T}}{I} = \frac{\boldsymbol{r} \times \boldsymbol{F}_C}{I} \tag{4・3}$$

のように表される．ここで，k, $\boldsymbol{\delta}$, η, $\boldsymbol{v}$, m, $\boldsymbol{\omega}$, $\boldsymbol{T}$, I および $\boldsymbol{r}$ は，それぞれ，

ばね定数，変位，粘性減衰係数，速度，質量，角速度，トルク，慣性モーメント
および粒子の重心から接触点までの位置ベクトルである．

　DEM では，接触力以外の力も考慮することができる．例えば，後述の固体-流
体連成問題の数値シミュレーションでは，固体粒子に作用する抗力や浮力を導
入できるし，付着力を伴う場合は固体粒子に作用する付着力（ファンデルワー
ルス力や液架橋力）も導入できる．

　DEM の境界条件において，最も重要となる壁境界条件について述べる．DEM
では，壁面境界を設定する際に，固体粒子を並べたり，面の関数を組み合わせた
りすることが多い．他方，DEM の産業応用を目的とした場合，これらの壁面境
界を使用するのは推奨できない．固体粒子を用いて壁面境界を設定すると固体
粒子間の凹凸により固体粒子と壁面間の見かけのせん断応力が大きくなってし
まうためである．面の関数の組み合わせを使用する場合は，極めて簡易形状の
体系しか実質的に応用することができない．これらの理由により，既存の壁境
界を用いた DEM では複雑形状内の粉体の流れを精度良く模擬できないことも
ある．このような問題を解決するために，壁面境界としてメッシュを使用する
試みがなされてきた．ところが，DEM で壁面境界にメッシュを使用すると，衝
突判定のアルゴリズムが複雑となるため，大学などで独自開発したプログラム
には導入がなかなか進まなかった（大学で行われている研究の対象が基礎的な
ためとも言える）．

　DEMにおいて任意形状の壁面境界をシンプルなアルゴリズムで導入するため
に，最近，符号付距離関数（signed distance functions：以下，SDF と記す）[10] が
使用されている．SDF は，もともと，CFD の自由液面流れを模擬するためのレ
ベルセット法 [11] において導入されていたものである．SDF を DEM の壁面境界
に応用するメリットは，衝突のアルゴリズムが極めてシンプルになることであ
る．ここでは，著者らが開発した SDF を用いた DEM の壁面境界 [10] について述
べる．SDF を用いた壁面境界は，直接壁面を作るのではなく，計算領域内部に
スカラー値 $\phi(\boldsymbol{r})$ を分布させる．計算領域における任意の位置ベクトル $\boldsymbol{r}$ における
SDF を $\phi(\boldsymbol{r})$ とすると，これは境界面からの距離を用いて，

$$\phi(\boldsymbol{r}) = d(\boldsymbol{r}) \cdot s(\boldsymbol{r}) \tag{4・4}$$

と表される．ここで，$d(\bm{r})$は固体粒子から最も近い壁面までの距離であり，$s(\bm{r})$は境界内部または外部を示す正負の符号である．SDF は空間内の任意の点において定義できるが，実際の DEM シミュレーションに応用する際には，計算領域内に $\phi(\bm{r})$ を保存するための代表点を離散的に設置して，それらの点における $\phi(\bm{r})$ の値をメモリーに保存する．代表点のない位置では，近隣の代表点の $\phi(\bm{r})$ の値を線形補完して壁面境界を設定する．SDF を用いても DEM における接触力の計算方法は，従来手法と何ら変わらない（ただし，接触力の記述が若干変わる）．乾式ボールミルにおける SDF を図 2·1 に示す．図 2·1 (a)は SDF の空間分布である．実際の壁面は距離がゼロとなるため SDF の値もゼロになる．計算領域内では，SDF の値は正になる．回転行列を適用すれば，図 2·1 (b)に示すように，SDFでも計算領域を回転させることができる．なお，SDF の代表点の間隔は，実際の計算において，粒子径のおおよそ 4 分の 1 程度にしている．

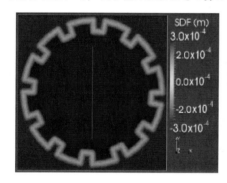 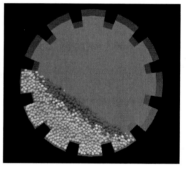

(a) SDF の空間分布　　　　　　(b) DEM シミュレーション

図 4·1　SDF を用いた乾式ボールミルの DEM シミュレーション

　SDF は，特に壁面の形状が複雑な場合，壁面の作成が容易であることや固体粒子と壁面の衝突アルゴリズムが容易であることから，その威力を発揮する．勿論，SDF を簡易壁面形状に応用することもできる．前述のアルゴリズムで SDF 生成のプログラムを一度作成できると，CAD 図さえ用意できれば，その形状が複雑であろうがなかろうが壁面形状を作成することができる．以下に，著者らのグループで SDF を DEM シミュレーションに応用した事例を示す．

著者らは，二軸混練機内の DEM シミュレーションの壁面境界の作成において，SDF を使用したので，その研究[12]について述べる．著者らの研究対象とした二軸混練機では，パドルは図 2・2 に示すように楕円板に近く関数などでは表すことのできない形状をしていた．パドルの CAD データから SDF を生成するだけで，通常の商用ソフトウェアのような複雑なメッシュ生成作業なしで，このような複雑な実機形状の壁面境界を簡単に作成することができる．

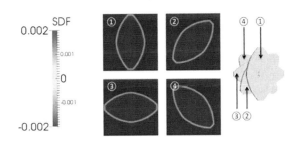

図 4・2　SDF を用いた二軸混練機のパドル

二軸混練機内の粉体挙動について，同一条件下で DEM シミュレーションと実験を実施した（ちなみに，著者らは数値シミュレーションを実行した後に，実験を行い，両者を比較した）．粉体は粒子径 約 1.0 mm のガラスビーズである．ガラスビーズの物性値である，反発係数および摩擦係数は，それぞれ，0.9 および 0.3 とした．ガラスビーズのばね定数（剛性）は 1000 N/m とした．パドルは 60 rpm で時計回りに回転させた．図 4・3 に数値シミュレーションおよび実験結果を示す．粉体層の形状および高さが，数値シミュレーションと実験とでよく一致した．また，他の条件でも数値シミュレーション結果と実験結果が一致した．これより，二軸混練機において SDF を用いた DEM シミュレーションの妥当性が検証された．なお，SDF を用いた DEM シミュレーションは，二軸混練機のほかに，粉末金型充填[13]，リボンミキサー[14]，ポットブレンダー[15]などで行われている．最先端の粉体シミュレーション技術を用いると，特にチューニングすることなく，複雑容器内の粉体挙動を模擬できるものと考えられる．

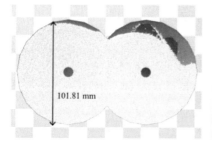 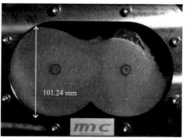

(a) DEM シミュレーション   (b) SDF の空間分布
図 4·3 SDF を用いた二軸混練機の DEM シミュレーション

4.4 固気混相流のモデリング

　本節では，固気混相流の数値解析手法のオイラー-ラグランジュ法である DEM-CFD 法について説明する．DEM-CFD 法は，固相および気相に，それぞれ，DEM および格子法（例えば，有限差分法および有限体積法）に基づく CFD を用いる．流体の支配方程式には，局所体積平均が用いられている．従って，格子サイズは固体粒子径よりも十分に大きくする必要がある．

　固気混相流において，固体粒子の挙動は，固体粒子に作用する接触力，抗力，浮力（圧力勾配に依存する相互作用力）および重力を考慮する．従って，並進運動は，

$$m\frac{d\bm{v}}{dt} = \sum \bm{F}^c + \bm{F}^d - V\nabla p + m\bm{g} \tag{4·5}$$

のように表される．ここで，m, $\bm{v}$, $\bm{F}^c$, $\bm{F}^d$, p, V および $\bm{g}$ は，それぞれ，固体粒子の質量，速度，接触力，抗力，圧力，固体粒子の体積および重力加速度である．回転運動は，

$$\bm{\omega} = \frac{\sum \bm{F}^c_t}{I} \tag{4·6}$$

のように与えられる．ここで，$\bm{\omega}$, T および I は，それぞれ，角速度，トルクおよび慣性モーメントである．下付 t は接線方向成分を意味する．

　式(4·5)の各項について説明する．接触力 $\bm{F}^c$ は DEM でモデル化され，法線方

向成分および接線方向成分は，それぞれ，前節で述べた式(4・1)および(4・2)で与えられる．固体粒子に作用する抗力 $\boldsymbol{F}^d$ は，

$$\boldsymbol{F}^d = \frac{\beta}{1-\varepsilon}(\boldsymbol{u}_f - \boldsymbol{v})V \tag{4・7}$$

のように与えられる．ここで，β，ε および $\boldsymbol{u}_f$ は，それぞれ，固相-気相間運動量交換係数，空隙率および流体の速度である．β は空隙率に依存し，

$$\beta = \begin{cases} 150\dfrac{(1-\varepsilon)^2}{\varepsilon}\dfrac{\mu_f}{d_s^2} + 1.75(1-\varepsilon)\dfrac{\rho_f}{d_s}|\boldsymbol{u}_f - \boldsymbol{v}| & (\varepsilon \le 0.8) \\[3mm] \dfrac{3}{4}C_D\dfrac{\varepsilon(1-\varepsilon)}{d_s}\rho_f|\boldsymbol{u}_f - \boldsymbol{v}|\varepsilon^{-2.65} & (\varepsilon > 0.8) \end{cases} \tag{4・8}$$

のように与えられる．ここで，C_D は抗力係数であり，

$$C_D = \begin{cases} \dfrac{24}{\mathrm{Re}}(1+0.15\mathrm{Re}^{0.687}) & \mathrm{Re} \le 1000 \\[3mm] 0.44 & \mathrm{Re} > 1000 \end{cases} \tag{4・9}$$

のように与えられ，レイノルズ数

$$Re_s = \frac{|\boldsymbol{u}_f - \boldsymbol{v}|\varepsilon\rho_f d_s}{\mu_f} \tag{4・10}$$

に依存する．β について，空隙率が80%以下のとき（すなわち，固相の濃度が高いとき）に Ergun の式[16]を使用し，空隙率が80%よりも高いとき（すなわち，固相の濃度が低いとき）に Wen-Yu の式[17]を使用する．式(4・9)の場合，空隙率が 80%のところで連続性がないことが知られているが，計算の安定性などへの影響はほとんどない．

DEM-CFD 法における流体の支配方程式は，連続の式およびナビエ-ストークス方程式であり，

$$\frac{\partial \varepsilon}{\partial t} + \nabla \cdot (\varepsilon\boldsymbol{u}_f) = 0 \tag{4・11}$$

$$\frac{\partial(\varepsilon\rho_f\boldsymbol{u}_f)}{\partial t} + \nabla \cdot (\varepsilon\rho_f\boldsymbol{u}_f\boldsymbol{u}_f) = -\varepsilon\nabla p - \boldsymbol{f} + \nabla \cdot (\varepsilon\boldsymbol{\tau}_f) + \varepsilon\rho_f\boldsymbol{g} \tag{4・12}$$

のように与えられる．ここで，$\boldsymbol{\tau}_f$ および $\boldsymbol{g}$ は，それぞれ，および重力加速度であ

る．式(4·11)および(4·12)には，局所体積平均が導入されているため，支配方程式に体積分率が含まれる．式(4·12)のfは，ニュートンの第三法則を満たすため，

$$f = \frac{\sum_{i=1}^{N_{grid}} F_f}{V_{grid}} \tag{4·13}$$

のように与える．ここで，V_{grid}は CFD の計算格子の体積である．N_{grid}は計算格子に含まれる固体粒子の総数である．大学で開発しているプログラムでは，構造格子を用いることが多く，その場合，メッシュ形状は矩形となるため，計算格子の体積は容易に計算できる．

DEM-CFD 法の応用として，まず，流動層を紹介する．流動層では下側から流体を流入して固相を流動させる．本計算[18]では，固体粒子をガラスビーズとし，流体を空気とした．本計算では，約 23 万個の計算粒子（実際の固体粒子数は約 2,900 万個）を使用した．ただし，DEM 粗視化モデル[19]と呼ばれるスケーリング則モデルを使用しており，実際の固体粒子よりも少ない計算粒子数で数値シミュレーションを実行した．計算領域の大きさは，50 mm × 20 mm × 200 mm とした．計算粒子径は 750 μm とした（DEM 粗視化モデルにより，実際の固体粒子よりも 5 倍大きな計算粒子を使用した）．CFD の格子サイズは，2.5 mm × 2.5 mm × 2.5 mm とした．空気を底部から 0.015 m/s で流入させた．図 4·4 に，計算開始後 0.450 秒から 0.525 秒の数値シミュレーションの結果を示す．数値シミュレーション結果は，左から，外観（固体粒子の空間分布），空隙率の等値面および体積分率の断面である．これらのスナップショットより，数値シミュレーションを用いて粉体層の膨張や気泡の挙動を模擬できることがわかる．粉体層の高さや圧力損失について，実験と数値シミュレーションの結果を比較したところ，両者は良く一致していた．数値シミュレーションの特長は，実験では観察できないデータを可視化できることである．粉体層の体積分率，固体粒子の衝突頻度，グラニュラー温度，粉体層内に形成された気泡の大きさ，気泡上昇速度などを評価できることがわかるであろう．

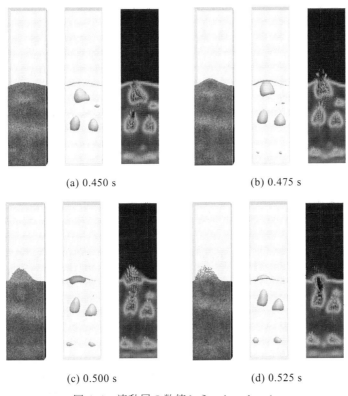

(a) 0.450 s   (b) 0.475 s

(c) 0.500 s   (d) 0.525 s

図 4・4　流動層の数値シミュレーション

　DEM-CFD 法の数値シミュレーションに SDF と埋込境界法（例えば，引用文献 20）を導入すると，任意壁面形状内の固気混相流のシミュレーションが容易に実行できるようになる．「東京大学 酒井研究室」と書かれたオブジェクトを覆うように固体粒子を初期配置して，右側より流体を流入させた数値シミュレーションの一例を示す．数値シミュレーションでは，CFD の格子サイズは固体粒子の直径の5倍とした．本手法のメリットは，CAD データさえ準備すれば，煩わしいメッシュ生成作業なしで計算できることである．先に述べたとおり，著者らのアプローチでは構造格子を使用しているため，格子中に SDF が含まれる割合を算定することにより，壁面が生成されたことになる．図 4・5 に数値シ

ミュレーションの結果を示す．画像1は初期状態であり，画像の左側から流体を流入させる．流体（空気）により固体粒子（直径1mmの砂，約160万個の計算粒子数）が右側に運ばれ（画像2から画像6），だんだんとオブジェクトが出現してくるのがわかる．砂の移動も極めてリアルである．繰り返しになるが，本シミュレーションでは，SDFによりDEMの壁面（「東京大学 酒井研究室」というオブジェクト）を模擬し，埋込境界法によりCFDのオブジェクトの壁面を模擬しており，これらのモデリングにより任意形状内の固気混相流が模擬できることが示された．

　本報で示された固気混相流の数値シミュレーションの詳細は，専門書[21,22]で深く学ぶことができる．

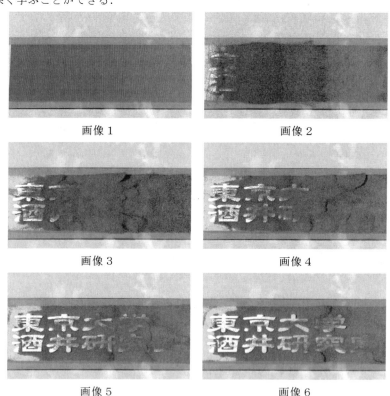

図4・5　固体-流体連成問題の数値シミュレーション

4.5 固液混相流のモデリング

本節では，自由液面を伴う固液混相流の数値解析手法のラグランジュ-ラグランジュ法について説明する．ラグランジュ-ラグランジュ法では，固相および液相に，それぞれ，DEM およびメッシュフリー粒子法（例えば，MPS 法[23]やSPH[24]）を用いる．局所体積平均を導入した支配方程式のラグランジュ-ラグランジュ法による固液混相流解析手法である DEM-MPS 法 [25-27]は，近年，著者らによって開発された．ここでは，著者らが開発した 完全陽解法による DEM-MPS 法 [26,27]について述べる．DEM-MPS 法の支配方程式についても繰り返し説明する．

固液混相流において，固体粒子の挙動は，前節で説明した固気混相流と同様に抗力，接触力および重力を考慮する．これらの相互作用力の他に，固液混相流では，潤滑力，仮想質量力なども導入されることがある．この節で説明する体系では，抗力，接触力および重力が主となる相互作用力のため，並進運動は，

$$m\frac{d\boldsymbol{v}}{dt} = \sum \boldsymbol{F}^c + \boldsymbol{F}^d - V\nabla p + m\boldsymbol{g} \qquad (4\cdot14)$$

のように与えられる．ここで，m，$\boldsymbol{v}$，$\boldsymbol{F}^c$，$\boldsymbol{F}^d$，p，V および $\boldsymbol{g}$ は，それぞれ，固体粒子の質量，速度，接触力，抗力，圧力，固体粒子の体積および重力加速度である．固体粒子の回転運動は，

$$\boldsymbol{\omega} = \frac{\sum \boldsymbol{F}_t^c}{I} \qquad (4\cdot15)$$

のように与えられる．ここで，$\boldsymbol{\omega}$，$\boldsymbol{T}$ および I は，それぞれ，角速度，トルクおよび慣性モーメントである．

式(4·14)の各項について述べる．接触力に関しては，先に述べた固気混相流と同様に式(4·1)および(4·2)を使用する．固体粒子に作用する抗力 $\boldsymbol{F}^d$ は，固気混相流と同様に，

$$\boldsymbol{F}^d = \frac{\beta}{1-\varepsilon}(\boldsymbol{u}_f - \boldsymbol{v})V \qquad (4\cdot16)$$

のように与えられる．ここで，β，ε および $\boldsymbol{u}_f$ は，それぞれ，固相-連続相間運動

量交換係数，空隙率および流体の速度である．βは空隙率に依存し，空隙率が80%以下および80%未満において，それぞれ，Ergunの式およびWen-Yuの式が使用され，

$$
\beta = \begin{cases} 150\dfrac{(1-\varepsilon)^2}{\varepsilon}\dfrac{\mu_f}{d_s^2} + 1.75(1-\varepsilon)\dfrac{\rho_f}{d_s}|\boldsymbol{u}_f - \boldsymbol{v}| & (\varepsilon \leq 0.8) \\ \dfrac{3}{4}C_D\dfrac{\varepsilon(1-\varepsilon)}{d_s}\rho_f|\boldsymbol{u}_f - \boldsymbol{v}|\varepsilon^{-2.65} & (\varepsilon > 0.8) \end{cases} \tag{4・17}
$$

のように与えられる．なお，空隙率は，影響半径内のMPS粒子よDEM粒子より求められる．

　流体の支配方程式は，連続の式およびナビエ-ストークス方程式であり，

$$
\frac{D(\varepsilon\rho)}{Dt} + \varepsilon\rho\nabla\cdot\boldsymbol{u}_f = 0 \tag{4・18}
$$

$$
\frac{D\boldsymbol{u}_f}{Dt} = -\frac{1}{\rho}\nabla p + \nu\nabla^2\boldsymbol{u}_f - \frac{1}{\varepsilon\rho}\boldsymbol{f}^s + \boldsymbol{g} \tag{4・19}
$$

のように与えられる．ここで，ρ，νおよび$\boldsymbol{f}$は，それぞれ，流体の密度，動粘度および固体-流体間相互作用である．前節のオイラー-ラグランジュ法のDEM-CFD法とは異なり，MPS法はラグランジュ的手法のため，ラグランジュ的記述により支配方程式が与えられる．MPS粒子iとその周辺のMPS粒子jについて，式(4・19)における圧力勾配項および粘性項は，それぞれ，

$$
\nabla p_i = \frac{D}{n_g}\sum_{j\neq i}\left[\frac{p_j + p_i}{r_{ij}}\frac{\boldsymbol{r}_j - \boldsymbol{r}_i}{r_{ij}}W_g(r_{ij})\right] \tag{4・20}
$$

$$
\nu\nabla^2\boldsymbol{u}_i = \nu\frac{2D}{n_0\lambda}\sum_{j\neq i}(\boldsymbol{u}_j - \boldsymbol{u}_i)W(r_{ij}) \tag{4・21}
$$

となる．ここで，D，Wおよびn_0は，それぞれ，次元数，重み関数および初期粒子数密度である．なお，重み関数については，文献26を参照されたい．λは，

$$
\lambda = \frac{1}{n_0}\sum_{j\neq i}r_{ij}^2W(r_{ij}) \tag{4・22}
$$

のように与えられる．圧力は微小な圧縮を許容して，

$$
p = \begin{cases} \dfrac{\rho_0 c^2}{\gamma}\left(\left(\dfrac{N}{n_0}\right)^{\gamma} - 1\right) & n \geq \varepsilon n_0 \\ 0 & n < \varepsilon n_0 \end{cases} \tag{4・23}
$$

により陽的に求められる．ここで，ρ_0, c, γ および N は，それぞれ，非圧縮性流体を想定した密度，流体中の音速，定数（水の場合，0.7）および粒子数密度である．DEM-MPS 法では，局所体積平均に基づく支配方程式を使用しているので，空隙率の評価を行う必要があり，その際，MPS 法の影響半径を使用する．

　DEM-MPS 法の応用事例 [27] として湿式ボールミルへの数値シミュレーションについて述べる．円筒型のガラス製容器（直径 120 mm，奥行 100 mm）に粒子径が約 3 mm のガラスビーズと水を入れ，63 rpm で回転させた．DEM 粒子の数は 14,555 であり，MPS 粒子の数は 24,365 である．図 4・6 に計算開始から 0.6 秒までの固液混相流の挙動を示す．回転が始まると粉体相が上昇して，約 0.3 秒後に粉体層が崩壊した．粉体相の崩壊時が流体の挙動にも影響を及ぼし，自由液面の一部が窪んだ．DEM-MPS 法により，回転初期に見られる固液混相流の挙動を模擬することができた．図 4・7 に準定常状態の円筒容器内の固液混相流を示す．固相の形状・寸法および液相の振る舞いは，数値解析と実験結果は良く一致することを確認した．このように，DEM-MPS 法は，自由液面を伴う固液混相流に応用できる．

　本報で示されたラグランジュ的手法による固液混相流の数値シミュレーションの詳細は，専門書 [22] で深く学ぶことができる．また，MPS 法については，開発者である越塚先生が執筆された良書 [29,30] が出版されており，これらの書籍よりアルゴリズムや工学分野への応用について学ぶことができる．

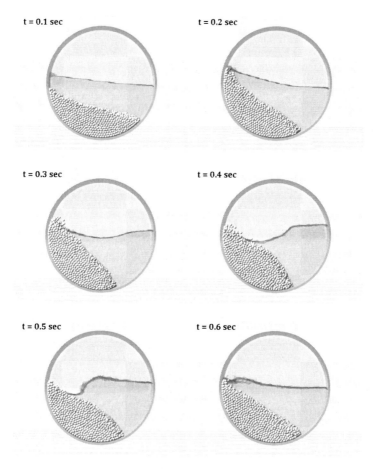

図 4・6　回転初期の固体粒子および流体の挙動

図 4·7　準定常状態における数値解析結果

4.6　おわりに

本章では，まず，粉体シミュレーション手法の世界標準となっている DEM の歴史，新しい壁境界モデルの SDF，固気混相流の数値解析手法の DEM-CFD 法および固液混相流の数値解析手法の DEM-MPS 法について概要を説明するとともに，応用事例を紹介した．

DEM に関する研究は，混相流，すなわち，固体-流体連成問題が世界的に活発である．本分野では，近年，固気液三相問題の数値シミュレーション手法（DEM-VOF 法）や埋込境界法と SDF を組み合わせた任意壁面境界内の流体の数値シミュレーション手法も開発されている．埋込境界法を用いた固体-流体連成手法は，精度が若干落ちても，安定した計算を実行できることに大きな特長がある．このような手法の出現により，既存の技術では，実行すら難しかった体系に数値シミュレーションを応用できるようになってきている．

参考文献

1) P.A. Cundall, O.D.L. Strack, A discrete numerical model for granular assemblies, Géotechnique. 29 (1979) 47–65.

2) Y. Tsuji, T. Kawaguchi, T. Tanaka, Discrete particle simulation of two-dimensional fluidized bed, Powder Technol. 77 (1993) 79–87.

3) T.B. Anderson, R. Jackson, Fluid Mechanical Description of Fluidized Beds. Equations of Motion, Ind. Eng. Chem. Fund. 6 (1967) 527–539.

4) T. Kawaguchi, M. Sakamoto, T. Tanaka, Y. Tsuji, Quasi-three-dimensional numerical simulation of spouted beds in cylinder, Powder Technology, 109 (2000) 3-12.

5) Y. Tsuji, Multi-scale modeling of dense phase gas–particle flow, Chem. Eng. Sci., 62 (2007) 3410-3418.

6) H. Mio, M. Akashi, A. Shimosaka, Y. Shirakawa, J. Hidaka, S. Matsuzaki, Speed-up of computing time for numerical analysis of particle charging process by using discrete element method, Chem. Eng. Sci., 64 (2009) 1019-1026

7) D. Nishiura, Y. Wakita, A. Shimosaka, Y. Shirakawa, J. Hidaka, Estimation of Power during Dispersion in Stirred Media Mill by DEM–LES Simulation, J. Chem. Eng. Jpn, 43 (2010) 841-849

8) 西浦泰介, 下坂厚子,白川善幸, 日高重助, DEM と CIP 法を用いる固体微粒子けん濁液の乾燥挙動シミュレーション, 化学工学論文集, Vol. 34 (2008) 321-330

9) 西浦泰介, 下坂厚子,白川善幸, 日高重助, 離散要素法と直接数値計算法を用いる粒子群干渉沈降挙動のハイブリッドシミュレーション, 化学工学論文集, Vol. 32 (2006) 331-340

10) Y. Shigeto, M. Sakai, Arbitrary-shaped wall boundary modeling based on signed distance functions for granular flow simulations, Chem. Eng. J. 231 (2013) 464–476.

11) S. Osher, R. Fedkiw, Level Set Methods and Dynamic Implicit Surfaces, Springer, 2002.

12) M. Sakai, Y. Shigeto, G. Basinskas, A. Hosokawa, M. Fuji, "Discrete element simulation for the evaluation of solid mixing in an industrial blender," Chem. Eng. J., 279, 821-839 (2015)

13) Y. Tsunazawa, Y. Shigeto, C. Tokoro, M. Sakai, "Numerical simulation of industrial die filling using the discrete element method," Chem. Eng. Sci., 138, 791-809 (2015)

14) G. Basinskas, M. Sakai, "Numerical study of the mixing efficiency of a ribbon mixer using the discrete element method," Powder Technol., 287, 380-394 (2016)

15) G. Basinskas, M. Sakai, "Numerical study of the mixing efficiency of a batch mixer using the discrete element method," Powder Technol., 301, 815-829 (2016)

16) S. Ergun, "Fluid flow through packed columns," Chem. Eng. Progr., 48, 89-94 (1952)

17) C.Y. Wen, Y.H. Yu, "Mechanics of fluidization," Chem. Eng. Progr. Symposium Series, 62, 100-111 (1966)

18) M. Sakai, M. Abe, Y. Shigeto, S. Mizutani, H. Takahashi, A. Vire, J.R. Percival, J. Xiang, C.C. Pain, "Verification and validation of a coarse grain model of the DEM in a bubbling fluidized bed," Chem. Eng. J., 244, 33-43 (2014)

19) M. Sakai, S. Koshizuka, "Large-scale discrete element modeling in pneumatic conveying," Chem. Eng. Sci., 64, 533-539 (2009)

20) T. Kajishima, S. Takiguchi, H. Hamasaki, Y. Miyake, "Turbulence Structure of Particle-Laden Flow in a Vertical Plane Channel Due to Vortex Shedding," JSME Int. J. Ser. B 44, 526–535 (2001).

21) 酒井幹夫, 茂渡悠介, 水谷慎, "粉体の数値シミュレーション," 丸善出版 (2012)

22) 酒井幹夫, 茂渡悠介, 水谷慎, "混相流の数値シミュレーション," 丸善出版 (2015)

23) S. Koshizuka, Y. Oka, Moving-particle semi-implicit method for fragmentation of incompressible fluid, Nuclear Science and Engineering. 123, 421–434 (1996).

24) J.J. Monaghan, An introduction to SPH, Computer Physics Communications. 48 (1988) 89–96.

25) M. Sakai, Y. Shigeto, X. Sun, T. Aoki, T. Saito, J. Xiong, et al., Lagrangian–Lagrangian modeling for a solid–liquid flow in a cylindrical tank, Chemical Engineering Journal. 200-202, 663–672 (2012).

26) X. Sun, M. Sakai, M-T. Sakai, Y. Yamada, "A Lagrangian-Lagrangian coupled method for three-dimensional solid-liquid flows involving free surfaces in a rotating cylindrical tank," Chem. Eng. J., 246, 122-141 (2014)

27) Y. Yamada, M. Sakai, "Lagrangian-Lagrangian simulations of solid-liquid flows in a bead mill," Powder Technol., 239, 105-114 (2013)

28) X. Sun, M. Sakai, "Three-dimensional simulation of gas-solid-liquid flows using the DEM-VOF method," Chem. Eng. Sci., 134, 531-548 (2015)

29) 越塚誠一, "計算力学レクチャーシリーズ⑤ 粒子法," 丸善出版 (2005)

30) 越塚誠一, 柴田和也, 室谷浩平, "粒子法入門 流体シミュレーションの基礎から並列計算と可視化まで," 丸善出版 (2014)

第 5 章　気液，固液撹拌の操作・設計手法と実際

5.1 はじめに

　本節では撹拌槽について記述する．撹拌操作の主たる目的は，「混合操作」，「分散操作」，「物質移動操作」，「反応操作」，「伝熱操作」である．工場における撹拌の難しいところは，これらの操作のうちの一つのみを行えばよいのではなく，複数の目的を同時に行わなければならないことである．特にスケールアップを行う場合には，撹拌操作の操作条件，つまり撹拌翼の回転数は，上記の 5 つの目的のうち，何を主目的とするかで，大きく変えなければいけない．そこで，本節では　「物質移動操作」を如何に効率的に行うかを記述する．

　撹拌槽を設計するために最も重要なことは撹拌所要動力をどのようにして見積もるかである．つまり，この動力の推算を誤ると，せっかく設計しても動力不足により，撹拌機が作動しなかったり，生産効率が低くなったりする不具合が発生する．また，これを恐れてオーバースペックで設計すると設備費の増大につながってしまう．したがって，まず，撹拌モーターを適切に選定するために撹拌所要動力の推算を確実に行う必要がある．さらに，乱流状態の撹拌ではこの「撹拌所要動力」は直接乱流エネルギーに関係するために撹拌槽の様々な性能を評価する上での基準としても役に立つ物理量である．

　ここでは，気液系及び固液系についての物質移動および所要動力について記述する．これまでの撹拌槽研究では，気液系では低粘度液体中に難溶性の期待を吸収させる場合（つまり，水－空気系）の研究が多い．固液系で，低粘度液体中に比較的低い粒子濃度（0～20wt%程度）の固体粒子を分散させる場合の研究が多い．そのとき，撹拌槽中の流れは乱流であり，気泡表面上あるいは固体表面上の液境膜の物質移動が支配的であるので如何に物質移動係数を評価するかがポイントとなる．

5.2 気液撹拌

　気液撹拌は通常，撹拌槽の下部にガスを供給するスパージャーを設置し，高

剪断型の撹拌翼を使用して気泡を細分化するのに使用される．筆者らのこれまでの研究により，乱流撹拌槽内でガス吸収速度を上げるには如何にして槽内に供給する動力を上げるかに帰着できるということがわかったので，通気時の撹拌所要動力をできるだけ低下させない撹拌翼を使用することが重要となる．

5.2.1 通気撹拌動力

　Rushtonタービン翼を使用すると，通気時の撹拌所要動力は無通気時に較べて約半分まで低下してしまう．その原因はガス分散による見かけ粘度の低下によるものではなく，翼板背面に発生するキャビティによるものである．通気量が少ない場合は図 5・1 左側の写真に示すようなボルテックスキャビティというものが生成されるが，通気量が大きいと図 5・1 右側の写真に示すラージキャビティが生成する．このようなラージキャビティが生成すると撹拌翼の形状抵抗が減少し，渦が発生されにくくなり結果的に動力低下を招くことになる．

図5・2 スカバ翼

図 5・1 水－空気系で観察されるタービン翼のキャビティ
（左：ボルテックスキャビティ，右：ラージキャビティ）

　このようなキャビティ生成による動力低下を防ぐために図 5・2 に示すスカバ翼[1]が考案された．これはタービン翼の裏側にすでにラージキャビティが付着しているような形状をしている．したがって，スカバ翼は通気量が大きくなっても動力低下はほとんど起こらない．しかし，スカバ翼は曲率が複雑なので作成が容易なコンケーブタービンが使用されることが多い．コンケーブタービンは翼板の断面が半円状になったものである．コンケーブタービンの動力低下は通気量が大きい領域でも 20％程度なので十分実用に耐える範囲である．また，

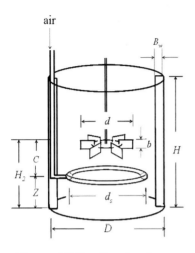

air
B_w
d
b
H
C
H_2
Z
d_s
D

図5・3　大型リングスパージャー

1
0.5
0
0
10
20
Q [L/min]
d_s/d
C/H_2
0.75
1.0
1.3
1.5
0.50
single

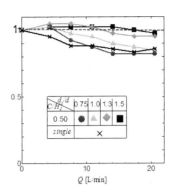

図 5・4 コンケーブタービンと大型スパージャーを組み合わせた通気動力 (n=360rpm)

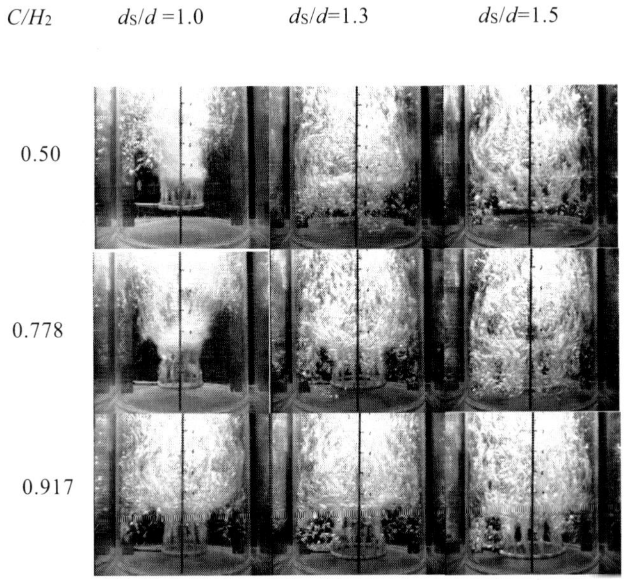

C/H2
ds/d =1.0
ds/d=1.3
ds/d=1.5
0.50
0.778
0.917

図 5・5 リング径と取付位置の異なる大型リングスパージャーのガス分散状況

(D=0.24m, H_2/D=0.30, Q = 3.5×10^{-4} m^3 s^{-1}, n = 6s^{-1})

水のような低粘度液の場合は液流が十分乱流状態なので，無理に翼下部に通気して翼に気泡を捕捉させなくてもいいのではないかという考え方もある [2]．つまり，翼に気泡を捕捉させるとラージキャビティが発生しやすくなり，動力低下を招くからという発想である．そこで，コンケーブタービンと翼領域を外した図 5·3 に示したような翼径より大きなリングスパージャーの組み合わせで通気動力を評価してみた．その結果，図 5·4 に示すようにまったく動力低下は起こらなかった．その際，気泡の細分化が困難ではないかということも懸念されるが，図 5·5 に示すとおり，槽内の気泡分散状況は問題なかった．

5.2.2 物質移動容量係数

通気時の物質移動は，気液界面の液側の物質移動抵抗に支配される．タービン翼による水－空気系気液撹拌における物質移動容量係数 $K_La[s^{-1}]$ は，常温で概略次式で表される [3]．

$$K_La=1.8\times10^{-4}P_{av}(P_{gv}/P_{av}+0.33)^{0.5} \tag{5·1}$$

ここで，$P_{av}(\equiv \rho_f g V_s)[W/m^3]$ は単位容積当りの通気動力，$P_{gv}[W/m^3]$ は通気時の単位体積当りの撹拌所要動力，$\rho_f[kg/m^3]$ は液の密度，$V_s[m/s]$ は空塔ガス速度である．上式は撹拌槽および撹拌翼の幾何形状によらず，実測値と非常に良く一致する．また，通気量に対して翼回転数が小さなフラッディング状態（例えば図5·5 の左上の写真のような状態）から，翼回転数が大きくなるローディング状態まで槽内の現象と合わせた相関が可能になる．すなわち，フラッディング状態では K_La は動力に対し 1 乗に比例するがローディング状態では 0.5 乗に比例するという現象である．また，図 5·6 に示すように，実験機から実機までスケールによらず実測値と一致した．ただし，高粘度液体，電解質溶液，あるいはアルコールなどを含む水溶液を用いた場合には上式は成立しない．CMC 溶液などの高分子溶液への酸素の拡散係数は水とほぼ変わらないが，容量係数の実測値はかなり低下する．また，海水あるいはアルコール水溶液など気泡の合一が起こりにくい系では気泡が細かいままで存在するので見かけの表面積が増大し容

量係数は大きくなるため，推算精度は良くないことに注意が必要である．

培養液のような比較的粘度が高い液に対しては次式が使用できる[4]．

$K_L a = (K_L a)_a + (K_L a)_g$ (5・2)

$(K_L a)_a = 0.039 P_{av} \mu^{-1/3} \sigma^{2/3} D_L^{1/2}$

$(K_L a)_g = 0.12 P_{av}^{0.12} P_{gv}^{0.70} \mu^{-0.25} \sigma^{-0.6} D_L^{1/2}$

ここで，σ[N/m]は表面張力であり，D_L[m^2/s]は対象とする物質の液相拡散係数である．

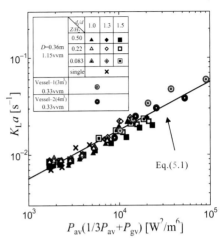

図 5・6 スケールの異なる $K_L a$ の相関 (D=0.36m と 3m^3 および 4m^3)

5.2.3 気液撹拌における望ましい操作条件

通気時の単位体積当たりの撹拌所要動力 P_V と物質移動容量係数 $K_L a$ の関係から一般的な望ましい操作条件を決めることができる．**図 5・7** に示すように通気が支配的であるフラッディングから，撹拌支配に変わるローディングで P_V と $K_L a$ の関係が大きく変化する．それは槽内の気泡の分布状況と密接な関係があることがわかる．従って，グラフの変曲点以上で操作することが望ましいと考えられる．

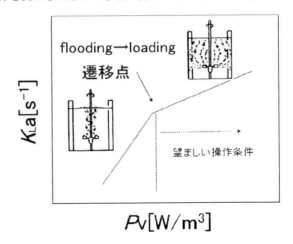

図 5・7 気液撹拌における望ましい操作条件

5.3 固液撹拌

本節では比較的粘度の低い液体中に比較的低い粒子濃度（0～20wt%程度）の固体粒子を撹拌槽によって分散させる場合を前提とする．そのとき，撹拌槽中の流れは乱流であり，固体表面上の液境膜の物質移動が支配的であるので如何に固液間物質移動係数を評価するかがポイントとなる．このとき，重要な前提条件として以下の浮遊化限界回転数がある．

固液撹拌において，固体粒子を完全に懸濁させるための必要最小限の回転数 n_{JS} を予測する必要がある．$n_{JS}[s^{-1}]$に関して Zwietering の相関式[5]がある．これは完全な無次元式であり，S は装置の幾何形状に依存する無次元係数となる．

$$n_{JS}=S\nu^{0.1}d_p^{0.2}(g\,\Delta\rho/\rho_f)^{0.45}X^{0.13}d^{-0.85} \tag{5·3}$$

ここで，$\nu[m^2/s]$は液の動粘度，$d_p[m]$は粒子径，$g[m/s^2]$は重力加速度，$\Delta\rho\equiv\rho_s-\rho_f[kg/m^3]$は固体粒子と液の密度差，$\rho_f[kg/m^3]$は液の密度，$X[wt\%]$は固体粒子濃度，$d[m]$は翼径である．係数 S の値は，最も一般的な翼配置，すなわち，翼径 d/D=0.33，翼と槽底の間隙 C/D=0.25 に関して，タービン翼では 8 が，プロペラ翼では 6.6 が，また，d/D=0.5 の 2 枚羽根パドル翼では 8 がそれぞれ与えられている．

5.3.1 所要動力の評価方法

邪魔板付き撹拌槽での固液系撹拌において，固体粒子濃度が比較的低いとき，見掛け密度$\rho_m[kg/m^3]$を用いることにより，浮遊化限界回転数以上では均相系撹拌の撹拌所要動力推算式を用いることができる．

$$\rho_m=\phi\rho_s+(1-\phi)\rho_f \tag{5·4}$$

ここで，ρ_s および$\rho_f[kg/m^3]$はそれぞれ固体粒子密度および液の密度であり，ϕは固体粒子の容積分率である．

5.3.2 物質移動係数の評価方法

Calderbank and MooYoung(1961)[6]は，撹拌槽の伝熱特性と物質移動特性に関しその相似性を利用して伝熱係数と物質移動係数を，相似な式で非常に幅広い条件で推算できることを示している．

$$h/(C_\mathrm{p}\rho) = 0.13(P_\mathrm{V}\mu/\rho^2)^{1/4} Pr^{-2/3} \tag{5・5}$$

$$k_\mathrm{L} = 0.13(P_\mathrm{V}\mu/\rho^2)^{1/4} Sc^{-2/3} \tag{5・6}$$

これは Kolmogorov(1941)[7)]の乱流理論に基づいているもので，乱流撹拌槽の代表速度は $v=(\varepsilon\nu)^{1/4}=(P_\mathrm{V}\mu/\rho^2)^{1/4}$ で表されるという考えである．つまり，乱流撹拌槽の物質移動係数や伝熱係数を推算するには，単位体積当たりの撹拌所要動力 P_V がわかればよいことになる．伝熱係数は，通常，ヌッセルト数をレイノルズ数およびプラントル数等を用いて表した無次元相関式により推算されているが，この方法では，槽内の幾何形状が変化（翼径の変化，邪魔板の有無や伝熱コイルの有無等）するとそれがすべて定数項に反映され，ケースバイケースでその絶対値が変化することになる．しかしながらこの Calderbank and MooYoung の方法は，その影響をすべて単位体積当たりの動力に包含するため，定数項は常に0.13 という一定値を持つという点が優れている．

固体粒子表面の物質移動係数や液滴表面の物質移動係数 k_L は，種々の実験方法で測定され，いずれも単位体積当たりの撹拌所要動力を用いて推算する式が提案されている．そのうち，代表的な相関式を式(5.7)[14)]および式(5.8)[8)]に示す．

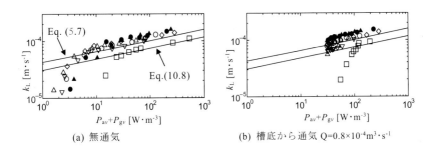

図 5・8　固液間物質移動係数の相関
●:NX Mixer type1、▲:NX Mixer type2、□:Rushton turbine、
▽:Maxblend®、△:Fullzone®、○:Hi-F Mixer® and ◇:MR-205®.

$$\frac{k_{\mathrm{L}} d_{\mathrm{p}}}{\mathscr{D}} = 2 + 0.50 \left(\frac{d_{\mathrm{p}}{}^4 P_V}{\rho \nu^3} \right)^{0.203} Sc^{\frac{1}{3}} \tag{5・7}$$

$$\frac{k_{\mathrm{L}} d_{\mathrm{p}}}{\mathscr{D}} = 0.45 \left(\frac{d_{\mathrm{p}}{}^4 P_V}{\rho \nu^3} \right)^{0.193} Sc^{\frac{1}{3}} \tag{5・8}$$

さらに，非常に多くの研究者がこれと同様な考え方で単位質量当たりの所要動力を基準にして，固液間物質移動係数の相関式を提出している [9,10,11,12,13,15]．また，固液間だけでなく，気体吹き込み時の固液間の物質移動係数も全く同様の考え方で相関されている [16,17]．例えば，各種大型翼を用いた場合の物質移動係数を測定した結果を**図 5・8** に示す．図中のプロットは左側から右側に移動するにつれて，途中で急に勾配が変化している点がある．とくに Rushton タービンのデータである□に注目すれば理解しやすい．この屈曲点が先に示した浮遊化限界回転数である．勾配が緩くなっているところが完全浮遊化条件の物質移動係数となり，翼の種類によらず単位体積当の所要動力のみに依存していることがわかる．また，(a)が無通気時，(b)が通気時であるが，いずれも浮遊化限界回転数以上ではこれも式(5.7)および式(5.8)で挟まれた領域に存在していることがわかる．言い換えれば過去の論文のすべての物質移動係数の相関は浮遊化限界回転数以上データを使用したものであり，言い換えれば，浮遊化限界回転数以下ではすべての粒子の表面積が物質移動に有効利用されていないので，図 5・7 の屈曲点より小さな物質移動係数は正確な数値ではないといえる．

Kato *et al.* (2001) [18]は，粒子浮遊化限界回転数 n_{JS} 以上では，撹拌方式によらずあらゆる大型翼に対しても P_V 一定であれば，ほぼ同じ物質移動係数が与えられることを示している．また，このときの撹拌槽の槽底形状は 10％皿底槽を用いており，槽底形状には依存していない．さらにこの方法を，トルクを測定できない時の水を用いた乱流状態における撹拌所要動力を測定する手法として逆利用している．

5.3.3 固液撹拌における望ましい操作条件

通気撹拌同様，単位体積当たりの撹拌所要動力 P_V と物質移動係数 k_L の関係から一般的な望ましい操作条件を決めることができる．図 **5·9** に示すように完全浮遊化限界回転数以上で P_V と k_L の関係が大きく変化する．それは前述したように槽内の固体粒子の表面積が完全に液体と接触する

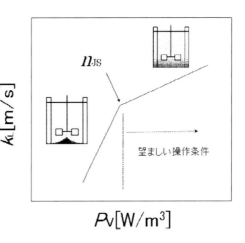

図 5·9 固液撹拌における望ましい操作条件

ようになるためであり，固体粒子の浮遊状況と密接な関係があることがわかる．従って，固液系においても気液系と同様，グラフの変曲点以上で操作することが望ましいと考えられる．

5.3.4 簡単な粒子浮遊の改善方法

図 **5·10** に撹拌槽内の粒子浮遊の簡単な実験例を示す．パドル翼が設置された撹拌槽内にイオン交換樹脂を投入し，翼取り付け位置を 3 種類変更し，翼の回転数を徐々に上げていったときの粒子の浮遊状況を写真撮影したものである．きわめて単純な例であるが，撹拌翼を槽底に近づくにつれ完全浮遊に必要な回転数 n_{JS} を下げていくことができる．マックスブレンド，フルゾーン，スーパーミックス MR205 などの大型翼の浮遊化限界回転数が小さいのもこの影響である．

図 **5·11** に槽底に放射状の邪魔板を設置し，粒子浮遊を改善した例を示す[19]．通常の槽壁部に邪魔板を設置する代わりに槽底に放射状の邪魔板を設置し，旋回流場の槽底に発生するエクマン境界層の発達を促し，槽底から液面に向かう上昇流を強め粒子浮遊をさせ槽内に粒子を均一に分散させる手法である．撹拌翼の回転数を比較的低く抑えることができるため，晶析操作や培養操作への応用が見込まれる．図 **5·12** に速度ベクトルの実測結果を示すが，非常に大きな上

昇流を発生させていることがわかる．公式文献は発表されていないが，実際に佐竹化学機械工業(株)がこの槽底邪魔板を用いて排水処理設備に応用している．

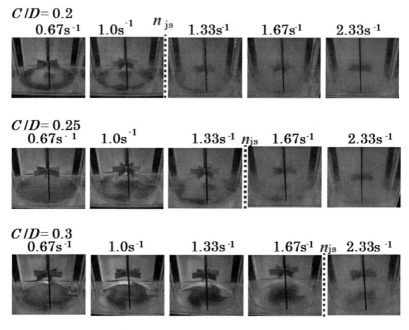

図5・10　翼取り付け位置を変化させた場合の固体粒子浮遊の変化

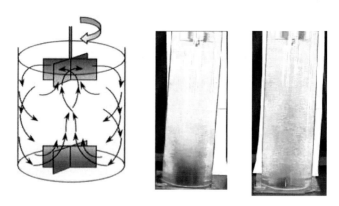

図5・11　槽底邪魔板による粒子浮遊状態の改善

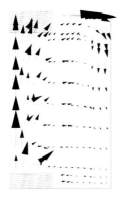 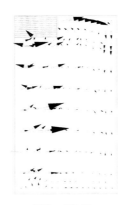

With Standard Baffles　　　**Without Baffles**

図 5.12 槽底邪魔板による上下循環流の改善

5.4 おわりに

　以上，乱流撹拌時の気液系及び固液系の着目点について示した．両者の物質移動係数は単位体積当の撹拌所要動力を推算できればおおよそ推算可能なことがわかった．ただし，層流および乱流における流れの違い，邪魔板の有無における流れの違い，ニュートンおよび非ニュートンにおける流れの違いなど幅広いレイノルズ数範囲で成立するものではないことを断っておく．

参考文献

1) Saito,F.ら; *J. Chem. Eng. Japan*, **25**, 281-287 (1992)
2) 亀井ら; 化学工学論文集, **38**, 203-208(2012)
3) 佐藤ら; 化学工学論文集, **15**, 733–739 (1989)
4) Hiraoka,S.ら; *J. Chem. Eng. Japan*, **36**, 333-338(2003)
5) Zwietering,Th.N. ; *Chem. Eng. Sci.*, **8**, 244-253 (1958)
6) Calderbank, R. H. and M. B. Moo-Young;*Chem. Eng. Sci.*, **16**, 39–54 (1961)
7) Kolmogorov, A.N. ;*C.R.Acad.Sci. USSR*, **30**, 301-305(1941)

8) Hiraoka,S ら; *J. Chem. Eng. Japan*, **23**, 468-474 (1990)

9) Asai,S. ら; *J. Chem. Eng. Japan*, **21**, 107-112(1988)

10)Harriott, P : *AIChE J.*, **8**, 93-101(1962)

11) Hixson,A.W. and S.J.Baum : *Ind. Eng. Chem.*, 33, 478-485(1941)

12)Kikuchi,K. ら; *J. Chem. Eng. Japan*, **20**, 421-423(1987a)

13)Kikuchi,K. ら; *J. Chem. Eng. Japan*, **20**, 134-106(1987b)

14) Levins, B.E. and J.R.Glastonbury; *Trans. IChemE*, 50, 132-146(1972)

15) Miller, D. N.; *Ind. Eng. Chem. Process Des. Develop.*, **10**, 365-375(1971)

16) Grisafi,F. ら; *Can. J. Chem. Eng.* , **76**, 446-455(1998)

17) Marrone,G.M. and D.J.Kirwan; *AIChE J.*, **32**, 523-525(1986)

18)Kato, Y. ら; *J. Chem. Eng. Japan* , **34**, 1532—1537(2001)

19)Kato, Y. ら; *J. Chem. Eng. Japan* , **35**, 208-210(2002)

第6章　粘弾性流体のレオロジー特性と高粘性流体の脱泡への応用

6.1 粘弾性流体の変わった振る舞い

　レオロジーという言葉は，物質の変形に対する応答（ラテン語の「流れ」を意味する"Rheo"）に学問を表す接尾辞（-logy）からなり，1929 年の The Society of Rheology の設立時に Bingham 教授によって提唱された[1]．言葉の定義から考えられるようにレオロジーに関する研究は幅広い．例えば，高分子成形加工分野で用いられる様々な溶融高分子の挙動を理解するために，粘度や弾性を変形速度の関数として表す試みが多く行われている[2]．また，密度やガラス転移点，熱物性についても温度や圧力の依存性も含めて物性の相関式を求め，装置内部の流動状況について現象論的な研究が行われている[3]．一方で，ブレンドポリマーの溶融高分子が構成する微細構造に着目した研究[4]や，さらには分子の絡み合い構造を分子論的に扱う研究[5]も活発に行われており，レオロジーは近代科学の一分野となっている．

　流体には，粘性と弾性の性質をあわせ持つ粘弾性流体が含まれている．一般に弾性がある流体は，常識と異なる挙動を示すことが知られている．粘弾性流体が示す変わった代表的な振る舞いを例に挙げる．

・バラス効果：円管の先端から押し出されるニュートン流体の外径は円管内径とほぼ同じである．条件によっては，管内壁表面での固定条件（壁において液体の速度がない条件）と自由表面における速度が存在するという不連続な境界がノズル出口で接するため，条件によってはごくわずかに膨らむ場合もある[6]．ところが，粘弾性流体を同様に流すと，図 6・1(a)に示すように円管出口から出た流体が顕著に膨らむバラス効果（ダイスウェル現象）が見られる．それは，前述の速度の不連続性に加えて，管内で蓄積された弾性エネルギーの解放にともない主流方向に対して垂直（半径方向）に作用する弾性応力が大きく作用し，速度分布が膨らむ方向に大きく変化するためである．

 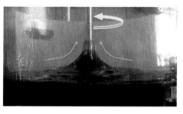

図 6・1 (a)バラス効果，(b)ワイゼンベルグ効果
（ポリアクリル酸ナトリウム水溶液の攪拌時の液面写真）

図 6・2 hoop stress

・ワイゼンベルグ効果：バッフルを持たない円筒容器に入れたニュートン流体を攪拌すると，流体の回転に伴って生じる遠心力と重力（復元力）とのバランスから，回転軸近傍の液面形状は下がり，円筒槽の壁面付近の液面が上昇する．ところが，粘弾性流体を同様に攪拌すると，流体の進行方向に剪断が発生し，剪断方向と垂直方向（中心軸方向）に弾性に伴う法線応力が新たに発生する．遠心力と法線応力は反対方向にあるため，その合力の方向によっては，図 6・1(b)に示すように，回転軸に絡みつくように自由表面が上昇する．法線方向に力が発生することは一見理解しにくい現象である．かなり思い切った表現ではあるが，高分子をパスタに例えてみる．お皿の上のパスタをフォークで巻き付ける様子を想像すると，中央寄りのパスタは早く回転し，外側のパスタはゆっくりと回転する．外側と内側のパスタの間には半径方向に周方向の速度差があり，周方向に摩擦力（剪断応力）がかかる．つまり，円周方向に曲がったある1本のパスタに注目すると，内側の早く回るパスタからの回転方向の剪断応力と，その外側の遅く回るパスタからの逆回転方向の剪断応力との板挟みになる．このように曲がった空間で力を受けると，図 6・2 に示すように曲率中心側に力が働く．これを hoop stress という．そのためにパスタは回転のために中央に集まることは直感的に理解できる．グラスファイバーなど剛直な棒状粒子が含まれる流体でも同じ現象が生じることが知られている[7]．その他，数多くの変わった振る舞いが見られるが，その詳細をまとめた成書[8]を参照されたい．

6.2 粘弾性流体のレオロジー測定の方法と粘弾性モデルパラメータの決定法

本節では，粘弾性流体の挙動を表す構成方程式のうち，濃厚系高分子流体の挙動を比較的よく表すとされる Giesekus モデル[9]を用いてレオロジーパラメータの求め方について説明する．円管内の完全発達流れは単純剪断流れである．任意の単純剪断流れ系において，剪断粘度 η，第一法線応力差 $N_1(\equiv \tau_{11} - \tau_{22})$ および第二法線応力差 $N_2(\equiv \tau_{22} - \tau_{33})$ は剪断速度 $\dot{\gamma}$ のみの関数になり，物質が決まればどのような単純剪断流れ系で測定しても，(η, N_1, N_2) vs.$\dot{\gamma}$ は同じ関係が得られる．すなわち，これら3個の量は物質固有のものであり，このことからこれらを物質関数と呼ぶ．ただし，第二法線応力差の値は第一法線応力差の約-10%と言われている[10]．

(6·1)式,(6·2)式は，Giesekus モデルの構成方程式であり，偏差応力を粘性寄与項と弾性寄与項に分離した形で示した．実際の高分子の挙動を表すために複数の緩和時間を重ね合わせた多重モードの構成方程式が用いられることがあるが，説明の単純化のため，ここでは単一モードで説明する．

$$\boldsymbol{\tau} = 2\eta_0 s \boldsymbol{S} + \boldsymbol{E} \tag{6·1}$$

$$\boldsymbol{E} + \lambda \overset{\triangledown}{\boldsymbol{E}} + \frac{\alpha}{G}\boldsymbol{E}^2 - 2\eta_0(1-s)\boldsymbol{S} \tag{6·2}$$

ここに，η_0 は零剪断粘度，λ は緩和時間，G は緩和弾性率$(G \equiv \eta_0(1-s)/\lambda)$であり，$\alpha(0 \leqq \alpha \leqq 1)$および $s(0 \leqq s \leqq 1)$はモデルパラメータである．また，$\overset{\triangledown}{\boldsymbol{E}}$は反変型対流時間微分を表わし，次式で定義される．

$$\overset{\triangledown}{\boldsymbol{E}} \equiv \frac{\partial \boldsymbol{E}}{\partial t} + \boldsymbol{v} \cdot \nabla \boldsymbol{v} - \left[(\nabla \boldsymbol{v})^{\mathrm{T}} \cdot \boldsymbol{E} + \boldsymbol{E} \cdot \nabla \boldsymbol{v} \right] \tag{6·3}$$

(6·2),(6·3)式のパラメータ $\alpha = 0$ を与えるとすると Oldroyd B モデルに帰着し，$\alpha = 0, s = 0$ とすると Maxwell モデルに帰着する．

Giesekus モデルにおいてこれらの物質関数を導出する．単純剪断流れ系において構成方程式(6·1),(6·2)を書き下すと，以下に示す8つの成分式を得る．

$$\tau_{11} - E_{11} \tag{6·4}$$

$$\tau_{12} = \eta_0 s\dot{\gamma} + E_{12} \tag{6·5}$$

$$\tau_{22} = E_{22} \tag{6・6}$$

$$\tau_{33} = E_{33} \tag{6・7}$$

$$E_{11} - 2\lambda\dot{\gamma}E_{12} + \frac{\alpha}{G}\left(E_{12}^2 + E_{11}^2\right) = 0 \tag{6・8}$$

$$E_{12} - \lambda\dot{\gamma}E_{22} + \frac{\alpha}{G}\left(E_{11}E_{12} + E_{12}E_{22}\right) = \eta_0(1-s)\dot{\gamma} \tag{6・9}$$

$$E_{22} + \frac{\alpha}{G}\left(E_{12}^2 + E_{22}^2\right) = 0 \tag{6・10}$$

$$E_{33} + \frac{\alpha}{G}E_{33}^2 = 0 \tag{6・11}$$

各成分を剪断速度 $\dot{\gamma}$ の関数として解くと，次式を得る．

$$\tau_{11} = \frac{(f-1)(\alpha f - f - 1)}{\alpha f\{1 + (1-2\alpha)f\}}G \tag{6・12}$$

$$\tau_{12} = \left[\eta_0 s + \eta_0(1-s)\frac{2(1-\alpha)f^2}{1 + (1-2\alpha)f}\right]\dot{\gamma} \tag{6・13}$$

$$\tau_{22} = \frac{f-1}{1 + (1-2\alpha)f}G \tag{6・14}$$

$$\tau_{33} = 0 \tag{6・15}$$

ここで，f は次式の通りである．

$$f = \left[\frac{2}{1 + \sqrt{1 + 16\alpha(1-\alpha)(\lambda\dot{\gamma})^2}}\right]^{1/2} \tag{6・16}$$

剪断粘度 $\eta(\dot{\gamma})$ は剪断応力 τ_{12} と剪断速度 $\dot{\gamma}$ との比で与えられることから，Giesekus モデルの場合，剪断粘度は剪断速度の関数として次式で与えられる．

$$\eta(\dot{\gamma}) \equiv \frac{\tau_{12}}{\dot{\gamma}} = \eta_0\left[s + (1-s)\frac{2(1-\alpha)f^2}{1 + (1-2\alpha)f}\right] \tag{6・17}$$

第一法線応力差 $N_1(\dot{\gamma})$ は，剪断速度の関数として次式で与えられる．

$$N_1(\dot{\gamma}) = \tau_{11} - \tau_{22} = \frac{1 - f^2}{\alpha f\{1 + (1-2\alpha)f\}}G \tag{6・18}$$

また，伸張粘度 η_E は，第一法線応力差 $N_1(\dot{\gamma})$ と伸張速度 $\dot{\varepsilon}$ との比で与えられるので，伸張速度の関数として次式のようになる．

173

$$\eta_E(\dot{\varepsilon}) \equiv \frac{\tau_{11} - \tau_{22}}{\dot{\varepsilon}}$$
$$= \eta_0 \left[\frac{-1 + 2\lambda\dot{\varepsilon} + \sqrt{(1-2\lambda\dot{\varepsilon})^2 + 8\alpha\lambda\dot{\varepsilon}}}{2\alpha\lambda\dot{\varepsilon}} - \frac{-1 - \lambda\dot{\varepsilon} + \sqrt{(1+\lambda\dot{\varepsilon})^2 - 4\alpha\lambda\dot{\varepsilon}}}{2\alpha\lambda\dot{\varepsilon}} \right] \quad (6\cdot19)$$

コーン・プレート型レオメータでは，図6・3に示すように円錐板と平板の間に試料を入れ，片側を所定の回転速度に設定し，その時に検出した回転トルクより剪断粘度が求められる[10]．また，粘弾性流体では，法線応力差によって流体が中心軸方向に力がかかり，円錐板が上方に持ち上げられる．その力の計測により第一法線応力差が求められる[10]．上側のコーンと下側のプレートとの間のギャップは中心軸からの距離に比例して大きくなり，また，周速度も中心軸からの距離に応じて速くなることからセンサー間の剪断速度（速度勾配）が一定という大きな特徴を持つ．

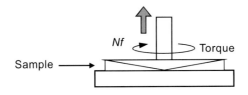

図6・3 コーン・プレート型レオメータのセンサー部

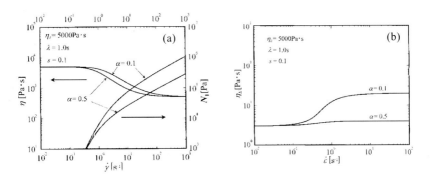

図6・4 Giesekusモデルによるレオロジー特性．(a): 剪断粘度曲線η，第一法線応力差曲線N_1，(b): 伸張粘度曲線η_E

レオメータにより剪断速度を変化させながら測定すると剪断粘度 $\eta\left(\dot{\gamma}\right)$ と第一法線応力差 $N_1\left(\dot{\gamma}\right)$ のプロットが得られる．一方で，適当なモデルパラメータを与えれば，(6・17),(6・18)式により剪断粘度曲線 $\eta\left(\dot{\gamma}\right)$ と第一法線応力差曲線 $N_1\left(\dot{\gamma}\right)$ が求められる．そこで，両者の値の差を目的関数として，その値が最小値を得るようなパラメータ $(\eta_0,\lambda,\alpha,s)$ を最小値探索法によって求めればよい．下記に示すパラメータを用いた場合の剪断流動特性を図 6・4(a)に，伸張粘度流動特性を図 6・4(b)にそれぞれ示す．

6.3 高粘性流体の脱泡への応用

多くの高分子流体が示す Shear-thinning 性に注目した圧力振動脱泡法の開発が行われている[11]．これは，気泡を含む溶液に意図的に圧力振動を与え，収縮・膨張する気泡近傍の複雑流れに伴うレオロジー特性の変化を利用した方法である．これまでポリアクリル酸ナトリウム水溶液を用いて評価を行っており，図 6・5 に示すように自然上昇速度と比較して，圧力振動場では，上昇速度の増加が得られる．気泡上昇速度が著しく大きい場合には，収縮時に気泡の下端が尖ったカスプ現象が観察された[12]．この現象は非ニュートン粘性だけで説明することは難しく，流体が示す弾性の性質が関与していることが予想される．

次に，気泡を囲む流体の変形状況に注目しよう．圧力振動場に置かれた，気泡界面に接する流体に注目すると，気泡が膨張するときには，気泡の表面積の増加により流体には二軸伸張変形が生じる．一方，気泡表面から少し離れた場所では気泡変形にともなう影響が急激に減衰することから，気泡の半径方向に向かって大きな変形速度の差が生じる．この変形は剪断変形が主と考えられる．また，気泡の収縮時には気泡の重心位置が上側にシフトすることから気泡近傍の流れは伸張変形と剪断変形が組み合わさっており，気泡近傍の応力場は単純ではない．気泡運動を正しく予測するには，速度場に加えて応力分布の時間的変動を知る必要がある．残念ながら，流れ場における任意の位置の応力状態を，非接触で測定することは大変難しい．高分子流体の二次元流れ場においては，流動複屈折法が応力場を求める有力な手段となる．流体が光弾性則に従う場合，

すなわち応力テンソルと屈折率テンソルの線形関係が成り立つ場合，流れ場の複屈折分布を求めることにより気泡周囲の応力分布を評価できる[13,14]．

実験に使用する試料として，ひも状ミセルを形成する界面活性剤水溶液であるCTAB/NaSal溶液が良く用いられる．この溶液は，低ひずみ量，低剪断速度においては，単一緩和Maxwellモデルと非常によく一致する粘弾性挙動を示し，かつ光弾性則が適用できることが知られている[15]．この溶液に対して異なる2方向からの流動複屈折測定を行い，ある流動条件範囲でステップ剪断流れにおける過渡的な剪断応力と第一法線応力差の応答が，機械的計測結果と非常によく一致することがわかっている[16]．そこで，同じ試料を利用して気泡近傍の流動複屈折を計測し，単一気泡近傍の応力状態を評価する方法を説明する．

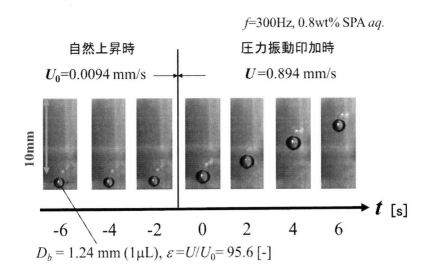

図6・5 自然上昇時と圧力振動場における1μL気泡の上昇速度の比較
（0.8wt%ポリアクリル酸ナトリウム水溶液）

6.3.1 試料溶液のレオロジー特性

試料溶液は，0.03M 臭化セチルトリメチルアンモニウム(CTAB)と 0.23M サリチル酸ナトリウム(NaSal)の混合水溶液であり，ひずみを与えるとひも状ミセル構造が一定の向きに配向するため，複屈折を起こすことが知られている [15]．試料の測定結果を図 6·6 に示す．(a)は定常回転モードにより得た剪断粘度 $\eta(\dot{\gamma})$ と法線応力差 $N_1(\dot{\gamma})$ の結果であり，図 6·6(b)は動的粘弾性（振動モード）による貯蔵弾性率 G' と損失弾性率 G'' の測定結果と Maxwell モデルによる相関線である．貯蔵弾性率 G' と損失弾性率 G'' から求めた複素粘度 $|\eta^*|(\omega)$ が両図にプロットされている．図 6·6(b)の結果と相関線が良好に一致していることから試料溶液は低ひずみの流動では単一緩和 Maxwell モデルとして扱えることがわかる．この場合の粘度は 7.17Pa·s であり，緩和時間 λ は 1.62s であった．動的粘弾性（振動モード）に関する説明は基礎編第 3 章に詳述されているのでそちらを参照されたい．流動により構造変化を生じない高分子溶液では経験則である Cox-Merz 則が成り立ち，横軸を剪断速度 $\dot{\gamma}$ と角速度 ω，縦軸を η と $|\eta^*|$ で表すと両者は一致することが知られている [10]．この溶液でも，粘度に注目すると，剪断速度（角速度）が 3s^{-1} までは，両者はほぼ一致している．ところが，3s^{-1} 以降は定常回転モードによる測定値の傾きが小さくなり，両者に差が生じた．これは，定常回転モードにおいて，ひずみの蓄積により，剪断誘起構造化現象(SIS：Shear-Induced Structure)の発生により不安定な挙動を示したことが考えられる [16]．さらに剪断速度が増加すると法線応力差も増加した．40s^{-1} からは，コーン・プレート間の試料溶液のごく一部が流出したため，粘度，法線応力差ともに値が小さくなったため，この部分のデータを用いることはできない．なお，動的粘弾性試験ではひずみが小さい条件で測定されたため SIS は発生しない．

6.3.2 流動複屈折による気泡近傍の応力測定

実験装置図を図 6·7 に示す．光源には，He-Ne レーザー(波長 632.8nm)を使用した．複屈折の測定には，OAM-2ch システム(ジャパンハイテック社)を使用した．レーザー光は，最大 50Hz で回転する偏光変調器(Polarization State Generator：PSG)を通過後，その回転速度で偏光面が回転する．光学用石英セルにレーザー光が到達する．試料溶液で満たされたセルは，体積 2μL(気泡径 2R=1.58mm)の気

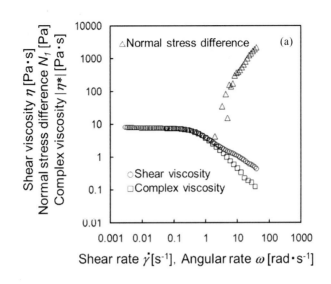

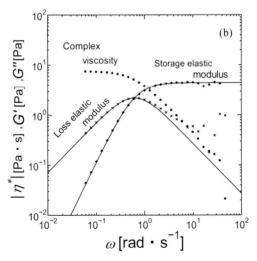

図 6.6 0.03M CTAB/ 0.23M Na3al 水溶液のレオロジー特性. (a) 定常回転モードによる剪断粘度(○), 第一法線応力差(△), 動的粘弾性による複素粘度(□), (b) 動的粘弾性による貯蔵弾性率 G', 損失弾性率 G'', 複素粘度, Maxwell モデルによる相関線.

泡が 1 つ設置されており，ゴム膜付きキャップで密閉されている．ゴム膜に振動発生装置を接続し，振動部をサイン波制御すると，セル内の気泡は繰り返し収縮・膨張する．セルを通過したレーザー光は，通過部の応力によって生じる複屈折により楕円偏光になる．その後，透過光を偏光状態解析器(Polarization State Analyzer：PSA)によって，楕円偏光から直線偏光に変換し，ディテクターによって輝度情報が得られる．回転変調器の角度情報と受光部の輝度情報をもとに複屈折および配向角が算出される．

　PSG により光学異方性の変調を受けたレーザー光が複屈折を有する物質を透過すると，その透過光の強度は PSG の変調と同期した変化を示す．この光強度信号を解析することにより物質の複屈折性および配向角を算出する [17]．測定対象が二色性を持たない複屈折性物質であるため，消光δ'(extinction あるいは attenuation)はなくδ'=0 である．複屈折は PSG の変調速度をω_p，レーザー光の強度を Idc とすると，複屈折測定用ディテクターによる光強度信号Iは以下の式で与えられる．

$$I = Idc\{1 + A_2 \sin(4\omega_p t) + B_2 \cos(4\omega_p t)\} \tag{6·20}$$

$$A_2 = -\cos(2\alpha')\sin(\delta') \tag{6·21}$$

$$B_2 = \sin(2\alpha')\sin(\delta') \tag{6·22}$$

ここに，α'は配向角を示し，δは遅延(retardation)を表す．

遅延δは上記の式を変形し以下のようになる．

$$\delta' = -\text{sgn}(A_2)\sin^{-1}\{(A_2{}^2 + B_2{}^2)^{1/2}\} \tag{6·23}$$

δは光の波長λと光路長ζを用いて以下の式により複屈折Δn'に変換される．

$$\Delta n' = \delta'\lambda/(2\pi\zeta) \tag{6·24}$$

　図6·8は圧力振動場での気泡とレーザー光との位置関係を示したものである．今回の系では，気泡の極近傍でのみ強い流動が生じており [18]，レーザー光と最も接近した気泡表面の応力が最も強く検出されると仮定して，気泡径の 1/4 に相当する有効光路長ζ=0.4mm として複屈折を計算した．

179

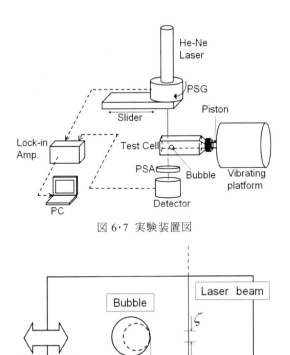

図 6・7 実験装置図

図 6・8 気泡表面とレーザーとの距離 ξ と有効光路長 ζ

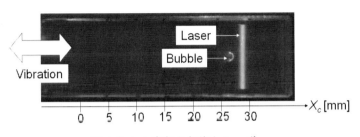

図 6・9 セル内部の気泡とレーザー

気泡は，図 6·8 のように気泡の中心位置がわずかにずれながら収縮・膨張する．そこで，図 6·9 に示すように気泡表面とレーザー光との距離 ξ ができるだけ変化しないように，レーザーは振動印加部と反対側に通した．静止時の気泡表面とレーザー光の距離 ξ を変えて実験を行った．圧力振動前には 5s 間，圧力振動中には 15s 間，圧力振動後には 30s 間それぞれ複屈折を測定した．振動発生装置の周波数は 21Hz である．なお，石英セルにも複屈折を示すため，流路高さ H=10mm，流路幅 W=4mm という鉛直方向にガラスの板厚を増したセルを使用した．セルを固定し，蒸留水を満たし，2μL の気泡を設置した後，振動を与えても複屈折が変化しない位置を探索・決定した．図 6·9 に示すように，X_c 軸をとり，0~30mm で複屈折をそれぞれ測定した．

6.3.3 非定常有限要素法による数値解析

気泡の収縮・膨張により気泡近傍では伸張変形が生じるが半径方向に向かって変形量は急激に低下する．すなわち半径方向の速度分布に注目すると周期的な剪断変形場ととらえることができる．そこで気泡表面からの距離 ξ における剪断速度分布を評価するため，非定常有限要素解析[20]を行った．座標系は円筒座標系であり，気泡界面形状を表す境界には気泡の中心である原点 O を中心に周期的に収縮・膨張する様に設定した．具体的には，実験条件と一致させるように 21Hz にて平均気泡半径 R=0.789mm，振幅 A=0.0780mm で収縮・膨張させた．また，軸対称流れ，壁面での No-slip 条件を仮定し，気相側の流れと重力項を無視する．要素分割は周方向に 20mesh，半径方向に 16mesh であり，気泡近傍を細かく分割した．計算領域は，原点 O を中心とする半径 R の気泡表面と z 軸，半径方向ともに気泡半径の 1000 倍とした．支配方程式には，連続式，運動方程式を用いた．粘度には，図 6·6(a) の複素粘度曲線に一致する様に Carreau-Yasuda model のパラメータを決定した．

6.3.4　流動複屈折法による応力測定結果と数値解析結果との比較

気泡表面からの距離 ξ の違いによる複屈折および遅延の最大変化量を図 6·10 の〇印で表す．横軸は，気泡とレーザー光との距離 ξ であり，縦軸は，圧力振動

印加前の複屈折$\Delta n'_0$と圧力振動印加時の複屈折の最大値$\Delta n'_{max}$の差の絶対値である．この図より，気泡表面に近づくにつれ(ξの値がより小さくなるにつれ)，$|\Delta n'_{max}-\Delta n'_0|$の値は指数的に増加することがわかる．

図6・10の結果から光弾性則[18] ($\boldsymbol{\sigma} = (1/C)\boldsymbol{R}^{-1}(\alpha')\boldsymbol{n'R}(\alpha')$)により応力$\sigma$を評価することを考える．測定された遅延は，レーザー光が透過した試料内の光路長における値の積分値である．しかし，気泡から離れると急激に遅延の測定値が低下することから，応力の発生は気泡近傍に集中するものと思われる．そこで図6・8に示したように，光路長の中の気泡近傍のある距離ζを代表的な光路長と考え，得られた遅延をこの距離で除することにより複屈折を算出している．また，この部分の流れが気泡中心を通る$z=0$面上での軸対象流れと同一であると仮定すると，上記の光弾性則は$\sigma = (1/C)\Delta n'$に単純化される．この式を用いて，複屈折から気泡近傍の応力を推定した．なお，光弾性定数Cには，$-3.1\times10^{-7}\,\mathrm{Pa}^{-1}$を用いた[15]．

並行して，実験で測定したレーザー光位置ξにおける最大の剪断速度を数値解析で求め，その剪断速度における剪断応力σ_{cal}を図6・6(a)の定常回転モードの粘度曲線より求め，図6・10の△印で示した．

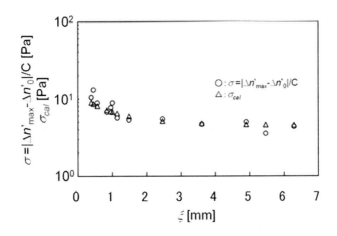

図6・10 流動複屈折法による応力と数値解析による剪断応力との比較

流動複屈折法による応力の測定結果と非ニュートン有限要素解析による2つの方法で求めた応力の比較をすると，いずれの方法においても，圧力振動場では気泡近傍において強い応力が生じることが示され，両者は良好に一致した．複屈折からの応力の算定には，測定の時間・空間分解能や光路長，軸対称の応力場の解析など様々な課題があるが，数値解析により得られた剪断応力と非常によい傾向の一致が見られることから，この測定方法の妥当性と可能性が示されたと考える．

6.4　まとめ

本章では，粘弾性流体の変わった振る舞いを紹介し，その挙動を把握するためのレオロジー測定と Giesekus モデルパラメータの決定法について説明した．また，流動複屈折を利用し，圧力振動場における CTAB/NaSal 溶液中に設置された気泡近傍の応力を求める方法を検討し，複屈折の測定結果から，応力振動印加により気泡近傍で強い応力が発生することを説明した．また，単一気泡周りの非ニュートン有限要素解析結果との比較により，流動複屈折による応力場の評価が有効であることを紹介した．

引用文献

1) 小野木重治:化学者のためのレオロジー, pp.1-19, 化学同人(1982)

2) 例えば，中江利昭編:レオロジー工学とその応用技術, pp.37-198,フジテクノシステム(2000)

3) W. Michaeli: Extrusion Dies for Plastics and Rubber, pp.20-49, Hanser(2003)

4) C. D. Han: Rheology and Processing of Polymeric Materials (Vol.I), pp.247-368, Oxford University Press(2007)

5) Y. Lin, Polymer Viscoelasticity (2nd Edition), pp.98-181,World Scientific (2011)

6) D. V. Boger and K. Walters FRS: Rheological Phenomena in Focus, pp.19-27, Elsevier Science Publishers B.V. (1993)

7) D. V. Boger and K. Walters FRS: Rheological Phenomena in Focus, pp.11-19, Elsevier Science Publishers B.V. (1993)

8) D. V. Boger and K. Walters FRS: Rheological Phenomena in Focus, Elsevier Science Publishers B.V. (1993)

9) H.Giesekus; "A unified approach to a variety of constitutive models for polymer fluids based on the concept of configuration-dependent molecular mobility," Rheologica Acta, pp.366-375(1982)

10) C. W. Macosko:Rheology principles, measurements, and applications, pp.205-235,VCH publishers (1994)

11) Iwata, S., S. Uchida, K. Ishida and H. Mori; "Pressure-Oscillatory Defoaming for Shear-thinning Fluids,"*Kagaku Kougaku Ronbunshu*,**33(4)**,294-299 (2007)

12) Iwata, S., Y. Yamada, T. Takashima and H. Mori; "Pressure-Oscillation Defoaming for Viscoelastic Fluid," *Journal of Non-Newtonian Fluid Mechanics*,**151**,30-37 (2008)

13) Quinzani, L.M., Armstrong, R.C. and Brown, R.A.; "Birefringence and laser-Doppler velocimetry studies of viscoelastic flow through a planar contraction, " *Journal of Non-Newtonian Fluid Mechanics*, **52**,1~36(1994)

14) Li. J.M., Burghardt, W.R., Yang, B. and Khomami, B.; "Flow birefringence and computational studies of a shear thinning polymer solution in axisymmetric stagnation flow, " *Journal of Non-Newtonian Fluid Mechanics*,**74**,151-193 (1998)

15) Shikata, T., S. J. Dahman and D. S. Pearson; "Rheo-Optical Behavior of Wormlike Micelles," *Langmuir,*10,3470~3476(1994)

16) Takahashi, T., Sugata M. and Shirakashi, M.; "Rheo-Optic Behavior of Wormlike Micelles under a Shear-Induced Structure Formational Condition ~Verification of stress-optic rule by full component measurement of refractive index tensor~," *Nihon Reoroji Gakkaishi*, **30**, 109~113(2002)

17) Ouchi, M., T. Takahashi and M. Shirakashi, Rheological Properties of Shear-Induced Structure in CTAB/NaSal Aqueous Solution, *Nihon Reoroji Gakkaishi*, **35(2)**, 107-114 (2007)

18) Fuller, G. G. and K. J. Mikkelsen; "Optical Rheometry Using a Rotary Polarization

Modulator," *Journal of Rheology*,**33(5)**,761-769(1989)

19) Iwata, S., Y. Yamada, S. Komori and H. Mori; "Experimental Visualization of Local Flow of Shear-Thinnig Fluid around a Small Bubble for Pressure-Oscillating Defoaming,"*Kagaku Kougaku Ronbunshu*,**34(4)**,417-423 (2008)

20) Iwata, S., T. Takashima, S. Oishi, Y. Yamada and H. Mori;Unsteadystate Finite Element Analysis of Non-Newtonian Fluid around a Fixed Small Bubble under Pressure-Oscillating Field,"*Transcations of the Japan Society of Mechanical Engineers, Series B*, **75(753)**, 922-928(2009)

第7章 リン脂質ベシクルの生成・分散技術の基礎と実際

7.1 リン脂質二分子膜ベシクル（リポソーム）とは

　リン脂質は両親媒性分子である．一例として，炭素原子数が 16 と 18 の 2 本の疎水鎖をもつ不飽和ホスファチジルコリン POPC (1-palmitoyl-2-oleoyl-*sn*-glycero-3-phosphocholine) の化学構造を図 7・1 に示す．

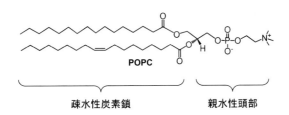

図 7・1　リン脂質 POPC の構造

　リン脂質のうち，各疎水鎖の炭素原子数が 10 程度以上のものは，水中において疎水性相互作用により二分子膜状に会合して，直径が数十ナノメートルから数百マイクロメートルの閉鎖小胞体（リン脂質ベシクル ＝ リポソーム /Liposome）を形成する（図 7・2）．一方，疎水鎖の炭素原子数が小さい脂質は，分子状態で可溶化するかミセル状の会合体を形成する．ミセルを構成する脂質分子は，異なるミセル間およびミセルと液本体間を容易に移動する．一方，比較的安定な二分子膜構造をもつリポソームの内部には，液本体から隔離された液滴が形成される．一枚の二分子膜から形成される直径 100 nm のリポソーム内には，体積約 5.0×10^{-22} m^3 (= 0.5 aL) の微小液滴が形成される (milli (m): 10^{-3}, micro (μ): 10^{-6}, nano (n): 10^{-9}, pico (p): 10^{-12}, femto (f): 10^{-15}, **atto (a): 10^{-18}**)．すなわち，リポソームを利用すると，水を液本体とした水の分散系を広範な分散相体積分率で形成させることができる．また，リポソームの脂質膜構造は，生体膜の基

本構造と同じであり,リポソームを基盤とする材料は生体適合性が高い.このような特徴から,リポソーム内水相や脂質膜表面に各種タンパク質等の生体分子を複合化させた材料は,医薬,化粧品,生体触媒等として,様々な応用が期待されている[1-3].最近では,リポソームあるいはポリマーから形成されたベシクルの微小環境や界面の性質を利用するカスケード化学反応の制御,細胞内の特徴を模擬した反応系の構築をはじめとした応用研究も活発化している[4].たとえば,ポリマーカプセル内に異種酵素を内包させた多数のリポソームを配置すると,多区画化された空間において逐次触媒反応が進行する[5].また,同一のポリマーベシクル(ポリマーソーム)に異種酵素を閉じ込めると,活性酸素を逐次的に無害化するナノリアクターを構築できる[6].このように,リポソーム等が提供する微小空間は,細胞系にみられるような高度に制御された反応場の構築に応用できる可能性をもつ.本章では,リポソーム分散系の調製法,リポソームの分散性制御,脂質二分子膜の基礎的な性質・機能および応用例について述べる.

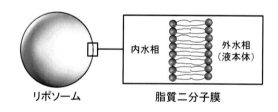

図 7・2 リン脂質ベシクル(リポソーム)の構造の概略図

7.2 リポソーム分散系の調製法

代表的な単分散リポソームの調製法を**図 7・3** に示す[1,7].リン脂質混合物は卵黄等から抽出・精製できるが,多様な構造の高純度化リン脂質が合成・市販されている.所望の化学構造・組成をもつ脂質の粉末を秤量して,ナス型フラスコ内でクロロホルムやジエチルエーテル等の溶媒に可溶化させる.ロータリーエバポレータを用いて溶媒を留去すると,フラスコ壁面に脂質分子の乾燥薄膜が付着する.脂質乾燥膜内に残留した有機溶媒分子は凍結乾燥機

を応用して，さらに除去する．乾燥脂質膜に水を添加すると，種々の大きさや内部構造をもつベシクルが生成する．乾燥脂質膜は容易に剥離しないが，エタノール/ドライアイス寒剤中で凍結させ，次いで融解させる操作を繰り返すと，ほぼ全ての脂質分子が水相に懸濁され，ベシクルを形成する．ベシクル形成を促すために超音波処理を行う場合もある．上述の凍結・融解サイクルにより，ベシクルのサイズが大きくなる．生成するベシクルは，複数の二分子膜構造を内部にもつ MLV（Multilamellar vesicle，多重層ベシクル）である．平均直径数十～数百ナノメートルの細孔をもつポリカーボネート膜を繰り返し通過させて，MLV を小さくする．この押出し操作により，内部に微小水相をもつ一枚膜（単層）リポソームが得られる．リポソームは平均直径に基づき，LUV（Large unilamellar vesicle）あるいは SUV（Small unilamellar vesicle）とよばれることもある．

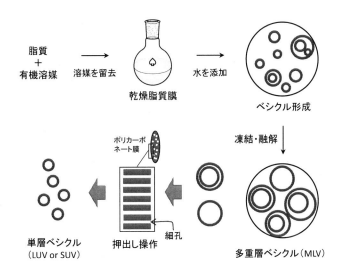

図 7・3　リポソームの調製手順

酵素や化合物をリポソームと複合化させる場合は，乾燥脂質膜を水和する際にこれらの物質の水溶液を用い，上述と同様の操作を行う．これにより，

リポソームの生成過程に共存する物質がリポソーム内部の水相あるいは脂質膜に可溶化される。なお、リポソーム内に酵素を封入する場合は、凍結・融解操作の際に酵素が失活しない温度を選定する必要がある。酵素や化合物は、リポソーム系内と液本体に存在する。液本体の分子を分離除去するためには、Sepharose 4B 等のゲル粒子を担体とするクロマトグラフィーが有効である。この操作はオープンカラムを用いて十分に精度よく行うことができる。サイズが著しく大きなリポソームは、ゲル粒子細孔内への拡散が困難であり、速やかに担体を通過するため、ゲル粒子に保持される遊離酵素等から分離される。なお、低分子量物質とリポソームの分離には、透析法[8,9]も有効である。

7.3 脂質二分子膜の透過選択性

脂質二分子膜がアミノ酸等の生体分子に対して示す透過選択性は、リポソームの諸機能の発現において本質的に重要な役割を担っている。本節では、低分子量物質に対する脂質膜の透過性を定量的に評価する方法について述べる。5(6)-Carboxyfluorescein（CF）等の親水性蛍光色素は、7・2 で述べた方法によりリポソーム内水相に数十 mM 程度の比較的高濃度で封入することができる。色素は、リポソーム内（濃度 C_{in} [mol/L]）と液本体 （濃度 C [mol/L]）の濃度差により、リポソーム内水相から液本体に漏出する。このときの色素に対する非定常物質収支は次式で表わされる[10]。

$$\left(\frac{dC}{dt}\right)V_L = Pa(C_{in} - C)V_S \tag{7・1}$$

式 (7・1) において、V_L [m³] は液本体の体積、V_S [m³] は懸濁されたリポソームの全体積である（通常の条件下では $V_S \ll V_L$ が成立する）。P [m/s] と a [m⁻¹] はそれぞれ色素の膜透過係数とリポソームの比表面積である。a 値はリポソームの水和半径 D_h [m] を 動的光散乱（DLS）法により実測して、$6/D_h$ より求められる。色素の収支は次式で表わされる。

$$C_\infty(V_L + V_S) = C_{in}V_S + CV_L \qquad (7\cdot2)$$

式 (7·2) において，C_∞ [mol/m³] は透過平衡時の液本体の色素濃度であり，リポソーム膜をコール酸ナトリウム等の界面活性剤で可溶化することにより，全色素をリポソームから放出させたときの色素濃度に等しい．C_0 [mol/m³] を初期に液本体に存在する色素濃度として，色素の放出率 R を (3) 式のように定義すると，式 (7·1) の積分形と式 (7·2), (7·3) より，式 (7·4) が得られる．

$$R = (C - C_0)/(C_\infty - C_0) \qquad (7\cdot3)$$

$$\ln(1 - R) = -Pat \qquad (7\cdot4)$$

式 (7·4) より，縦軸を $\ln(1 - R)$，横軸を時間 t としてプロットして得られる直線の傾きと a 値より，P 値を決定できる．蛍光色素は高濃度条件下で自己消光するため，リポソーム内水相と液本体へ漏出した色素を分離せずに，漏出した色素量を測定できる利点がある．この方法で細孔径 100 nm のポリカーボネート膜を通過させたリポソームの膜透過性を 40 ℃ の静止液系において実測すると，$P = 1.5 \times 10^{-13}$ m/s となる [10]．P 値は，リポソームを構成する分子種や温度に依存する [10,11]．生体膜の構成成分のひとつであるスフィンゴミエリンから形成されるリポソームは，相転移温度付近できわめて高い膜透過性を示すことが報告されている [11]．なお，アミノ酸の透過係数を実験的に決定する場合等は，リポソーム内水相の物質と液本体の物質を透析法等により分離して，アミノ酸漏出量を追跡する手法が採用される [8,9]．

7.4 リポソームの分散性制御

静止液系におけるリポソームの分散性

図 7·1 に示した POPC のような双性リン脂質から形成される直径 100 ～ 200 nm 程度のリポソームは静止液系において比較的安定なコロイド分散系を形成する．一方，荷電脂質を含有するリポソームの分散性は，共存イオン濃度及び脂質膜疎水部位の構造に依存して変化する．特に，後者は分子集合体

であるリポソーム系に特有の性質と考えられる．ここでは，POPC に負電荷脂質 POPG (1-palmitoyl-2-ole-oyl-*sn*-glycero-3-phosphoglycerol) を混合したリポソームの分散性制御をとりあげる．POPG の構造を図 7・4 に示す．

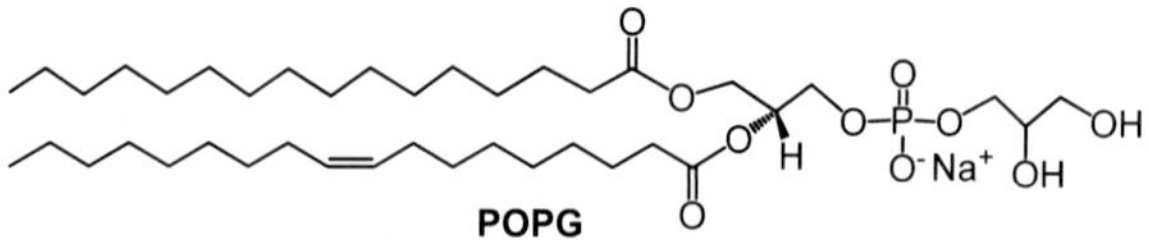

図 7・4　アニオン性リン脂質 POPG·Na の構造

負電荷リポソーム（モル比 POPC:POPG = 4:1, D_h = 182 nm）を脂質濃度 1.0 mM で懸濁したときのゼータ電位に及ぼす共存カルシウムイオン濃度の影響を図 7・5 に示す．リポソーム懸濁系の pH は 8.5 に維持されている．この条件下では，リポソームの体積分率は，1% 以下であり，希薄なリポソーム懸濁系が形成されている．カルシウムイオン非共存下では，リポソーム表面のゼータ電位は –37.8 mV であり，負に帯電していることが確認できる．一方，カルシウムイオン濃度が 20 mM 以上において，リポソーム表面の電荷が反転している．これらの条件下では，リポソーム表面が正電荷を有しており，カルシウムイオンが脂質膜に吸着したことがわかる．

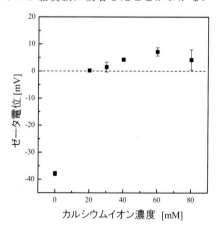

図 7・5　負電荷リポソーム（POPC:POPG = 4:1）のゼータ電位に及ぼすカルシウムイオン濃度の影響（レーザ・ドップラー法により測定した．）

図 7·6 に共存カルシウムイオン濃度を段階的に変化させたときの負電荷リポソームの粒子径分布を示す．[Ca^{2+}] = 20 mM では，リポソームが凝集している．ところが，高濃度の塩化カルシウム溶液を少量添加して，リポソーム懸濁系において [Ca^{2+}] = 40 mM とすると，初期状態と類似した位置に粒子径のピークがみられる（D_h = 180 nm）．これは，カルシウムイオンが吸着して，正電荷をもったリポソーム同士の静電反発により，リポソームが分散するためと考えられる．図 7·7 に，同一のリポソーム懸濁液中において，カルシウムイオン濃度を図 7·6 の場合と同様に変化させたときの懸濁液の濁度の経時変化を示す．濁度は，リポソーム間の凝集の程度の指標となる．上述の粒子径分布の変化と一致して，[Ca^{2+}] = 20 mM において濁度が増大している．[Ca^{2+}] = 40 mM では著しく濁度が減少している．

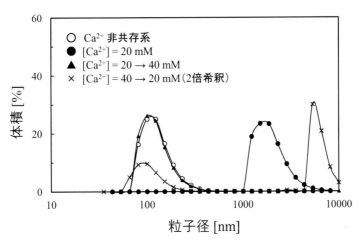

図 7·6　負電荷リポソーム（POPC:POPG = 4:1）の粒子径分布に及ぼすカルシウムイオン濃度変化の影響（50 mM Tris-HCl 緩衝液，pH 8.5，脂質濃度 1.0 mM，25 ℃，動的光散乱法により測定した．）

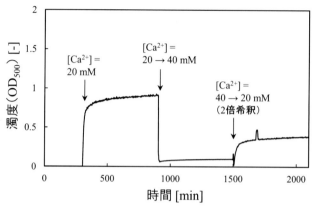

図 7・7　負電荷リポソーム（POPC:POPG = 4:1）懸濁液の波長 500 nm の濁度に及ぼすカルシウムイオン濃度変化の影響（緩衝液等の条件は図 7・6 と同一である．）

これらの結果は，カルシウムイオンによりいったん形成されたリポソーム凝集体から，各リポソームが可逆的に再分散することを示している．さらに，リポソーム液を希釈して $[Ca^{2+}]$ = 20 mM とすると，リポソーム濃度が初期の 1/2 に低下したにもかかわらず，濁度が増大している．これは，この条件下においてリポソームが再び凝集傾向となることを示している．このことは，図 7・6 の粒子径分布からも確認できる．なお，POPC:POPG = 5:2（モル比）として，リポソームを構成する負電荷脂質の割合をさらに増加させたところ，上述の凝集の可逆性が低下したことも知られている．一方，POPC:POPG:Cholesterol (5:2:3) の組成をもつリポソームは，POPC:POPG = 4:1 のリポソームよりもカルシウムイオン濃度の変化に対してより顕著な凝集・再分散性を示した[12]．疎水性が高いコレステロールは，脂質膜疎水部位の流動性を低下させることが知られている．これらの現象より，荷電リポソームの分散性は，表面の電荷密度に加えて，脂質膜疎水部の構造に影響を受けることがわかる．リポソーム膜中の脂質分子の運動性が低いほどカチオンへの吸着に有利であること[13]，コレステロールを含有する流動性の低い脂質膜間には，膜融合（膜の組替え）につながるような強い相互作用が働きにくいこと等が複合的に影響するものと考えられる．

流動場におけるリポソームの分散性

POPC:POPG:Cholesterol (5:2:3) から形成される負電荷リポソームの表面に
カルシウムイオンが吸着すると，脂質膜の運動性が制限を受け，膜透過性が
低下する [12]．リポソームが凝集して沈殿すると比表面積の低下により，みか
けの膜透過性がさらに低下する [12]．一方，せん断流中に懸濁させると，各リ
ポソームが分散している場合と同程度の透過性を示す．この現象は次の 2 点
に基づいて考察できる．

リポソーム凝集状態の効果　　上述のリポソームを脂質濃度 1.0 mM, [Ca^{2+}]
= 40 mM で凝集させた際のリポソーム間の距離は DLVO 理論を応用して，
約 1 nm と見積もられている [12]．すなわち，リポソームはクラスター状に集
合して，合一・分散を繰り返すことができる柔軟な構造体を形成していると
考えられる．せん断流中におけるリポソームの安定性は，せん断応力と表面
張力の比に相当する無次元数（キャピラリー数; C_a）により評価できる [14]．

$$C_a = \frac{\eta \dot{\gamma}(D_h/2)^3}{\kappa} \qquad (7 \cdot 5)$$

式 (7·5) において，η [Pa·s] は流体の粘度，$\dot{\gamma}$ [s^{-1}] はせん断速度，κ [J] は
曲げ剛性である．これより，せん断流中におけるリポソームの変形や分裂な
どの構造変化の程度は，リポソームあるいはリポソーム凝集体のサイズに大
きく依存することがわかる．クラスター化させたリポソームはみかけの D_h
値が大きく，液体せん断応力により構造変化しやすいと考えられる．すなわ
ち，**図 7·8** に模式的に示すように，せん断流中では，リポソームクラスター
を構成するリポソームの凝集・再分散が進行すると考えられる．これにより，
クラスターの最外層を構成するリポソームが連続的に更新され，膜透過に関
与するリポソームと液本体の界面積が確保される．せん断流に対するリポソ
ームクラスターの構造変化は，各リポソーム間の相互作用，すなわち負電荷
脂質・コレステロール含有量等の脂質膜組成およびリポソーム・カチオン濃

度に依存することが明らかにされている[15].

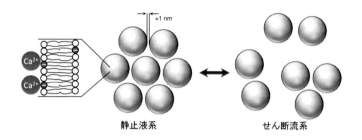

図7・8 カルシウムイオン共存下でクラスター化させたリポソームのせん断流中における構造変化の概念図．クラスター内のリポソーム間の距離は，リポソーム膜組成 POPC:POPG:Cholesterol = 5:2:3 について計算した結果[12]に基づく．

リポソーム膜の構造・機能に及ぼすせん断応力の影響 リポソーム分散系の特徴として，分散状態にある個々のリポソームの局所的な構造・形状・機能が液本体の流動特性に依存して変化することが挙げられる．定義されたせん断流を発生させる装置として，コーン・プレート型回転粘度計と内径 190，380 μm の円管内流路を応用すると，流動特性とリポソームの構造の関係を小スケールで詳細に検討できる[16,17]．蛍光色素 CF を内包させた平均直径 117 nm のリポソームを，せん断速度 $\dot{\gamma} \leq 1{,}500$ s^{-1} かつ高温条件下でコーン・プレート型装置内に懸濁すると，CF に対する脂質膜透過性が静止液系に比べて顕著に増大する[16]．類似の現象は，微小円管内で発生させた層流にリポソームを懸濁させた系でもみられる[17]．円管内において，最大 7,800 s^{-1} の平均せん断速度を発生させた場合，分子量 180,000 の酵素分子がリポソーム内から液本体に放出される[17]．これらのリポソームの平均粒子径と粒子径分布は，せん断応力負荷前後においてほとんど変化しないことから[16,17]，リポソーム膜の局所的な構造変化が起こり，膜透過性が増大するものと考えられる．なお，コーン・プレート形状では，平均直径 323 nm の比較的大きなサイズのリポソームが崩壊する現象が確認されており[16]，せん断流中における脂質膜

の物理的な強度がリポソーム径に依存して変化することがわかる．なお，上述の検討で用いたリポソーム懸濁系の粒子濃度は比較的希薄であり（脂質濃度 1.0 mM），ニュートン流体として扱うことができることが確認されている．また，ここでは，双性脂質から形成されるリポソームを凝集させずに用いている．

　過去の文献において，高せん断速度（3,000 s^{-1} ≤ $\dot{\gamma}$），高粘性条件下（η = 1.25 × 10^{-2} Pa·s）で発生させたクエット流中において直径 120 nm の双性脂質 DOPC (1,2-dioleoyl-*sn*-glycero-3-phosphocholine) リポソームが崩壊して融合することが報告されている[18]．この文献では，膜融合の要因として高粘性流体中において，リポソームが粘性抵抗により楕円形状に変形して，膜曲率が大きな領域が形成されることが挙げられている．膜融合を促進するための物質を添加することなく流体力学的特性のみに基づいて脂質膜の構造変化と融合を誘起する手法は，小さなリポソーム群から大きなリポソームを簡便に調製する方法として有用である[19]．

7.5　化学反応場としてのリポソーム

リポソームの特性評価

　酵素を内包させたリポソームの特性を評価する方法を述べる．7·2 において述べた方法で調製した酵素封入リポソームは，平均水和直径 D_h [m]，粒子径分布，荷電状態，リポソーム濃度 $C_{Liposome}$ [mol/L]，リポソーム内水相の酵素濃度・分子数について明らかにする必要がある．**図 7·9** に細孔径が 200，100 nm のポリカーボネート膜を通過させたリポソームの粒子径分布を DLS（動的光散乱法）により測定した結果を示す．ここでは，酵素を内包していない POPC リポソームについて示しているが，脂質膜への結合が無視できる水溶性酵素を内包したリポソームの場合でも類似の結果が得られる．なお，MLV の粒子径は大きく，DLS 測定には不適であった．押出し操作時の細孔径が小さくなるほどリポソーム径と多分散指数（PI）がいずれも低下する傾向がみられる．図 7·9 に示したリポソームの場合，PI 値は，細孔径が 200 nm と 100 nm のときそれぞれ 0.152 と 0.089 であった．細孔径が 100 nm 以下の膜を用

いて調製したリポソームは通常単分散であり，その粒子径分布は比較的長期間維持される．ジャイアントベシクルとよばれる直径数 μm 〜数百 μm のリポソームは顕微鏡等で直接観察できる．リポソーム表面の荷電状態は 7・4 で述べたゼータ電位に基づいて評価する（図 7・5）．

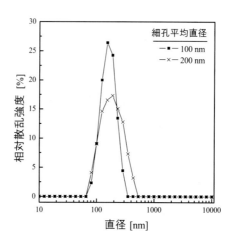

図 7・9　押出し法により調製したリポソームの粒子径分布に及ぼすポリカーボネート膜の平均細孔径の影響（酵素非共存下，50 mM Tris-HCl 緩衝液，pH 7.5 で調製したもの．押出し操作は各 11 回行った．）．

リポソーム内水相に酵素を可溶化させた場合，リポソーム濃度，内水相の酵素濃度 $C_{Enzyme,in}$ [mol/m^3] 及びリポソーム 1 個に内包された酵素の平均分子数 $N_{Enzyme,in}$ [-] は次のように決定する．リポソームを構成する各リン脂質について，脂質分子の親水性頭部が占める面積と二分子膜の厚みが文献値として入手できる．例えば，POPC の場合，脂質頭部の占有面積と膜厚はそれぞれ $A_{POPC} = 0.72$ nm^2 と $L_{POPC} = 3.7$ nm である[20,21]．リポソームの平均径 D_h を実測することにより，次式よりリポソーム 1 個を構成するために必要な脂質分子数 N_{POPC} [-] を計算できる．

$$N_{POPC} = (4\pi / A_{POPC})\{(D_h / 2)^2 + (D_h / 2 - L_{POPC})^2\} \tag{7.6}$$

たとえば，式 (7.6) により，直径 100 nm の一枚膜 POPC リポソームは，81,000 分子の脂質から形成されることがわかる．POPC 濃度 C_{POPC} [mol/m^3] はホスホリパーゼとコリンオキシダーゼを用いる酵素法により測定できる [22]．したがって，リポソーム濃度 $C_{Liposome}$ [mol/m^3] は，$C_{Liposome} = C_{POPC}/N_{POPC}$ より決定できる．一方，リポソーム内の酵素量は，リポソーム懸濁液に脂質膜の溶解・ミセル化を引き起こす高濃度の界面活性剤（たとえば，40 mM コール酸ナトリウム）を共存させ，酵素を遊離状態にすることにより酵素活性またはタンパク質濃度に基づいて定量できる．リポソームを溶解したときの酵素濃度 C_{Enzyme} が決定できれば，溶解前のリポソーム懸濁液中の全リポソーム内水相の体積分率 $f_{Liposome}$ を用いて，$C_{Enzyme,in} = C_{Emzyme}/f_{Liposome}$ が成立する．また，リポソーム 1 個の体積 V_{in} [m^3] とアボガドロ数 N_A [mol^{-1}] を用いて，$N_{Enzyme,in} = C_{Enzyme,in} \cdot V_{in} \cdot N_A$ よりリポソーム 1 個に可溶化された平均酵素分子数を見積もることができる．$N_{Enzyme,in}$ 値は，リポソームを生成させる際の水溶液中の酵素濃度に基づいて，幅広く変化させることができる．リポソーム分散系では，各分子が均一に存在している遊離酵素系と異なり，1 分子あるいは数分子の酵素がグルーピングされる形で隔離された液滴系が形成される．このため，上述のように決定した $N_{Enzyme,in}$ 値は，系の平均値であり，分布が存在する [4]．たとえば，酵素 α-Chymotrypsin を直径 70-140 nm のリポソームに封入した場合，$N_{Enzyme,in}$ 値に依存して酵素の熱安定性が変化する [23]．

リポソーム系酵素反応の特徴

酵素を内包させたリポソームの懸濁液は，微小な反応器の集合体とみなすことができる．例えば，直径 150 nm のリポソームを脂質濃度 1.0 mM で懸濁した場合，1.0 mL 中に約 3×10^{12} 個のリポソームが存在する．このような酵素封入リポソームの懸濁液に基質を添加した場合，基質分子がリポソームを構成する脂質二分子膜を透過して，酵素が可溶化されたリポソーム内水相に到達すると，酵素の触媒作用を受けて生成物に変換される．生成物は，リポ

ソーム内に留まるか,脂質膜を透過して液本体に移動する.同一リポソーム内に異種酵素が共存する場合は,リポソーム内において逐次反応が進行して,最終生成物に変換される.D-アミノ酸酸化酵素とカタラーゼを共封入したリポソームの懸濁液に,D-アミノ酸を添加したときに進行する一連の物質移動・反応プロセス[9]の概要を**図 7・10** に示す.この系では,アラニンやセリンの膜透過性は低いため,膜透過律速で反応が進行する.この場合,各アミノ酸の脂質膜透過性に依存して,みかけの酵素反応速度が変化する.すなわち,リポソーム系では,遊離系に比べて酵素のみかけの基質選択性が変化する.図 7・10 において,カタラーゼ反応により生成した酸素は,アミノ酸酸化反応に再利用される.基質の脂質膜透過抵抗が反応抵抗よりも大きい場合は,膜透過過程がリポソーム系反応速度を支配する[24].なお,反応抵抗はリポソーム内の酵素濃度に影響を受けるが,リポソーム分散系のリポソーム内の酵素分子数は上述のように一定ではない.

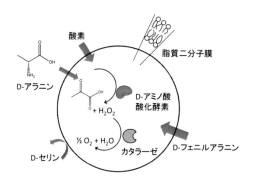

図 7・10　D-アミノ酸酸化酵素とカタラーゼを共封入した POPC リポソームによる D-アミノ酸の選択的酸化反応の模式図[9].脂質膜透過性が高い D-アラニンと D-フェニルアラニンは,膜透過性が低い D-セリンに比べて,選択的に D-アミノ酸酸化酵素の触媒作用を受ける.リポソーム内で生成する過酸化水素はカタラーゼにより分解される.

すなわち,各リポソーム系の酵素反応機構は必ずしも同じではない.上述のように,基質に対する脂質膜の透過性は,リポソームの酵素反応において重

要となる．脂質膜にチャネルを形成する膜タンパク質を再構成することにより，特定の物質の膜透過を促進できる [25,26]．

7.6 リポソーム分散系の応用

リポソーム分散系の応用例として，著者らによるリポソームをプローブとするせん断速度の推定 [27]と酵素封入リポソームを触媒とする気泡塔反応操作 [15)について概説する．

リポソームをプローブとするせん断速度の推定

気泡塔は，気液固分散系の分離・反応操作等に応用される．気泡塔内の複雑な流動状態は，これまでに，せん断速度とガス空塔速度 U_G [m/s] の関係をはじめとする実験・理論的に導かれた推算式を用いて評価されてきた [28,29]．液体せん断応力は，細胞培養操作において，細胞の死滅や代謝活性を誘導する重要な流動特性である [30]．したがって，せん断速度と気泡塔の形状や操作条件との関係を個別の反応器について明らかにすることは，従来からきわめて重要な課題となっている [31]．リポソームの膜構造は，液体せん断応力により変化する．脂質膜の構造変化を膜透過性の変化に基づいて定量化できれば，リポソームをプローブとして，流動特性が未知の流体のせん断速度を推定できる．

7・4 で述べたように，コーン・プレート型粘度計において発生させた，せん断速度が既知の流動場に蛍光色素を内包させたリポソームを懸濁させる．ここでは，双性脂質 POPC から形成されるリポソームを凝集させずに用いる．粘度計を種々のせん断速度において操作して，各条件下における色素の膜透過係数を決定する．これにより，リポソームのせん断流応答性を明らかにできる．このリポソームを外部循環式エアリフト型気泡塔に懸濁して膜透過係数を決定することにより，気泡塔内の平均せん断速度を推定できる．たとえば，ライザーとダウンカマーの内径がそれぞれ 8.0 mm と 4.8 mm，液相の体積 7.0 mL の外部循環式エアリフト型気泡塔に窒素ガスを通気して，$U_G =$ 3.0 × 10^{-2} m/s で操作したところ，平均せん断速度は 2.5 × 10^3 s^{-1} と推定された [27]．このエアリフト型気泡塔で用いたガス分散板（グラスフィルター）

200

では，リポソーム懸濁系において，1.0 mm 程度の気泡が生成する [32]．懸濁されたリポソームが気泡塔のガスホールドアップ等の流動状態や物質移動特性に及ぼす影響も明らかにされている [32]．

外部循環式エアリフト型気泡塔におけるグルコース酸化反応操作

7・5 で述べたように，リポソーム型の生体触媒は，酵素の安定性向上や反応速度制御の観点から有用である．一方，コロイド状のリポソームを反応系から分離回収して再利用するためには，ゲルクロマトグラフィーや遠心分離操作が適用できるが，リポソームの濃度低下やスケール，特殊な装置を必要とする等の点でこれらの方法は実用的ではない．グルコース酸化酵素を内包させた負電荷リポソーム（モル比 POPC:POPG:Cholesterol = 5:2:3，$N_{Enzyme,in}$ = 11）の懸濁液に塩化カルシウムを添加すると，クラスター化されたリポソーム型生体触媒が調製できる [15]．リポソームクラスターは，静止液中において沈殿することから，反応操作終了後の分離回収が通常のリポソーム分散系に比べて容易となる．クラスター化させたリポソームを触媒として，上述と同じ外部循環式エアリフト型気泡塔に懸濁して，模擬空気を U_G = 1.0, 3.0 × 10^{-2} m/s で供給することにより，10 mM グルコースの酸化反応を行った．その結果，クラスター化させたリポソーム内の酵素は，分散状態のリポソーム系に比べて高い反応性を示した．この現象は，せん断流中において，(a) クラスター化リポソームが再分散・凝集を繰り返すことと (b) せん断流による個々のリポソームの構造変化とそれに伴う膜透過性の増大に起因すると考えられる．(b) の現象は，リポソームが凝集傾向にあることにより，顕著になると考えられる．なお，気泡塔内のせん断流中において再分散性が小さいクラスター化リポソームを用いると，クラスター化させていないリポソームに比べて触媒活性が低下した [15]．これらの知見より，(a) と (b) のバランスがクラスター化リポソーム内の酵素のみかけの反応性に影響するものと考えられる．リポソーム内に封入された酵素の反応性は，脂質膜疎水部位の構造にも依存する [33]．リポソーム内水相の酵素は気泡群共存下でも安定化されると考えられ [34]，多様な気液系反応への応用が期待される．

7.7 おわりに

　リン脂質分子集合体であるリポソームの基礎的な特性，調製法，分散性制御，特性解析及び応用について述べた．リポソームが粒子として示す多様な振る舞いは，脂質二分子膜表面の性質のみでなく脂質膜の疎水部位の構造にも依存する．また，流体の性質に依存してリポソーム集合体あるいは個々のリポソームの構造が変化する現象は，リポソームの機能制御に応用できる．リポソーム分散系に形成される微小かつ安定な水相は，酵素をはじめとする生体分子の可溶化に有用であり，脂質膜の物質透過性はリポソーム内の酵素の触媒性能と密接に関係する．リポソーム内の酵素の濃度や分子数を計算により見積もることは，マクロなスケールで観測されるリポソーム分散系の特徴をミクロスケールの現象と関連付けて理解するために有用である．上述のような脂質膜の基本的な性質や特性解析法は，リポソーム分散系に期待されている薬物担体[35]，生体触媒[9,15,17,25]，バイオセンサ[36]等としての機能発現・応用において共通して考慮・適用されるものである．また，これらのうち酵素反応の制御を必要とする生体材料の開発では，リポソーム系の分散性[12,16]，リポソーム内水相への酵素の隔離効果[5,6,23]，基質の膜透過抵抗[9]，流動場における脂質膜の構造変化[14,17,27,33]等を統合制御した反応システムの構築が求められる．スケールや測定手法の制約から直接的に評価することが容易でない脂質膜内部あるいはリポソーム内水相の物理化学的性質や酵素の局在・構造に関する実験・理論的研究も重要である．

参考文献

1) P. Walde, S. Ichikawa : Biomol. Eng., 18, 143-177 (2001)

2) 秋吉一成，辻井薫（監修）：リポソーム応用の新展開，NTS (2005)

3) 古澤邦大（監修）：新しい分散・乳化の科学と応用技術の新展開，テクノシステム (2006)

4) A. Küchler, M. Yoshimoto, S. Luginbühl, F. Mavelli, P. Walde : Nat. Nanotech., 11, 409-420 (2016)

5) L. Hosta-Rigau, M. J. York-Duran, Y. Zhang, K. N. Goldie, B. Städler : ACS Appl. Mater.

Interfaces, 6, 12771-12779 (2014)

6) I. Louzao, J. C. M. Hest : Biomacromolecules, 14, 2364-2372 (2013)

7) R. C. MacDonald, R. I. MacDonald, B. Ph. M. Menco, K. Takeshita, N. K. Subbarao, L. Hu : Biochim. Biophys. Acta, 1061, 297-303 (1991)

8) A. C. Chakrabarti, D. W. Deamer : Biochim. Biophys. Acta, 1111, 171-177 (1992)

9) M. Yoshimoto, M. Okamoto, K. Ujihashi, T. Okita : Langmuir, 30, 6180-6186 (2014)

10) M. Yoshimoto, M. Monden, Z. Jiang, K. Nakao : Biotechnol. Prog. 23, 1321-1326 (2007)

11) M. Yoshimoto, Y. Todaka : Eur. J. Lipid. Sci. Technol., 116, 226-231 (2014)

12) M. Yoshimoto, R. Tamura, T. Natsume : Chem. Phys. Lipids, 174, 8-16 (2013)

13) O. Szekely, A. Steiner, P. Szekely, E. Amit, R. Asor, C. Tamburu, U. Raviv : Langmuir, 27, 7419-7438 (2011)

14) A.-L. Bernard, M.-A. Guedeau-Boudeville, V. Marchi-Artzner, T. Gulik-Krzywicki, J.-M. di Meglio, L. Jullien : J. Colloids Interf. Sci., 287, 298-306 (2005)

15) M. Yoshimoto, Y. Sakakida, R. Tamura, T. Natsume, T. Ikeda : Chem. Eng. Technol., 39, 1130-1136 (2016)

16) T. Natsume, M. Yoshimoto : J. Disp. Sci. Technol., 34, 1557-1562 (2013)

17) T. Natsume, M. Yoshimoto : ACS Appl. Mater. Interfaces, 6, 3671-3679 (2014)

18) M. Kogan, B. Feng, B. Nordén, S. Rocha, T. Beke-Somfai : Langmuir, 30, 4875-4878 (2014)

19) S. Shin, J. T. Ault, H. A. Stone : Langmuir, 31, 7178-7182 (2015)

20) C. Huang, J. T. Mason : Proc. Natl. Acad. Sci. USA, 75, 308-310 (1978)

21) B. A. Cornell, J. Middlehurst, F. Separovic : Biochim. Biophys. Acta, 598, 405-410 (1980)

22) M. Takayama, S. Ito, T. Nagasaki, I. Tanimizu, Clin. Chim. Acta, 79, 93-98 (1977)

23) M. Yoshimoto, J. Yamada, M. Baba, P. Walde : ChemBioChem, 17, 1221-1224 (2016)

24) M. Yoshimoto, M. Higa : J. Chem. Technol. Biotechnol., 89, 1388-1395 (2014)

25) M. Yoshimoto, S.Wang, K. Fukunaga, D. Fournier, P. Walde, R. Kuboi, K. Nakao : Biotechnol. Bioeng., 90, 231-238 (2005)

26) 吉本誠 : 膜, 37, 270-275 (2012)

27) T. Natsume, M. Yoshimoto : Ind. Eng. Chem. Res., 52, 18498-18502 (2013)

28) M. Nishikawa, H. Kato, K. Hashimoto, Ind. Eng. Chem. Proc. Des. Dev., 16, 133-137 (1977)

29) A. Schumpe, W.-D. Deckwer, Bioprocess Eng., 2, 79-94 (1987)

30) Y. Chisti, In Encyclopedia of Industrial Biotechnology, Bioprocess, Bioseparation, and Cell Technology, Vol.7; M. C. Flickinger, Ed.; Wiley: New York, pp.4360-4398 (2010)

31) Y. Chisti, M. Moo-Young : Biotechnol. Bioeng., 34, 1391-1392 (1989)

32) M. Yoshimoto, C. Momodomi, H. Fukuhara, K. Fukunaga, K. Nakao : Chem. Eng. Technol., 29, 1107-1112 (2006)

33) M. Inoue, M. Yoshimoto : J. Chem. Eng. Japan, 46, 302-306 (2013)

34) M. Yoshimoto, T. Yamashita, T. Yamashiro : Biotechnol. Prog., 26, 1047-1053 (2010)

35) J. de A. Pachioni-Vasconcelos, A. M. Lopes, A. C. Apolinário, J. K. Valenzuela-Oses, J. S. R. Costa, L. de O. Nascimento, A. Pessoa Jr., L. R. S. Barbosa, C. de O. Rangel-Yagui : Biomater. Sci., 4, 205-218 (2016)

36) Q. Liu, B. Boyd : Analyst, 138, 391-409 (2013)

第8章　微粒子ハンドリングの基礎と評価，最近の展開

8.1 はじめに

　近年，材料創生の研究分野において，高度粉体成形技術や微粒子ハンドリング技術への注目が高まっている．一般的に，粉体の粒子径が小さくなるにつれて比表面積が増加し，全般的性質に対する表面の寄与が大きくなる．また，粒子径が更に小さくなり超微粉体領域に入ると，バルクの特性とは質的に異なる性状が認められるようになるため，粒子表面のキャラクタリゼーションの重要性が増す．そのため，粒子特性の制御や粒子表面設計，更には機能性付与やバルク体としてのマクロ物性制御を可能にするためには，粒子表面の性質をいかに知り，コントロールできるかがキーテクノロジーとなる．

　また，粉体が関わる工業プロセスにおいて，材料の良し悪しは粉体の分散，凝集状態に強く依存する．例えば，不均一分散状態や凝集塊が有る状態でセラミックを合成すると，密度不均一や時にはミクロンあるいはミリオーダーの欠陥を生じてしまうことがある．この場合，本来期待されるような強度や性能には到底達しない．また，材料特性も一定せず，材料の重要なファクターの一つであるリライアビリティーが著しく低下する．それゆえ粉体が関与する材料プロセスにおいて分散・凝集のコントロールは重大な関心事の一つである．

　セラミックスプロセスにおけるスラリー中粒子の分散・凝集状態の評価は，スラリーの粘度評価から間接的に判断されることが多い．しかしながら，これらレオロジー的分散・凝集評価が実際の分散状態を反映しているか否かは保障の限りではない．実際，粘度が同一に調製されたスラリーを用いた場合でも，その後の成形プロセスでのハンドリング，あるいは最終的な材料特性が著しく異なるケースがある．これらの大きな原因はもちろんスラリー中の粒子分散・凝集状態と関係するため，スラリーの粒子分散・凝集状態を直接評価する方法の開発が切望されている．

　本講では，代表的な無機酸化物粒子であり，研磨剤やフィラー剤，ＩＣパ

ッケージ等の電子部品に至るまで広範な用途に用いられるアルミナを取り上げ，それらの表面状態ならびにそのキャラクタリゼーションの事例[1-5]について紹介する．また，我々が近年提案したスラリー中粒子の分散状態を擬似的に固定し，直接観察するその場固化観察法[6]を中心にスラリー観察について紹介する．さらに，スラリー中粒子の分散・凝集状態とレオロジー特性の対応についても述べる．

8.2 無機微粒子の表面状態

ミクロ的に眺めた固体表面の特徴の一つは，結合の連続性が切断された不飽和な状態である．また，固体表面を構成している原子，イオン，分子のポテンシャルエネルギーが隣接同士の間で違っていても，一般に表面拡散の活性化エネルギーが高く，表面の均一化が図れないことも大きな特徴である．実際の粒子表面では，これらの高エネルギー状態は物理的，化学的現象によって緩和されている．

物理的緩和現象に関しては，G.C. Bensonらのハロゲン化アルカリに関する研究が有名である[7]．図8・1にハロゲン化アルカリの物理的緩和の概念図を示す．第一層の陰イオンは周りの陽イオンにより分極され，内部の格子間隔から予想される配置より外側へ移動している．逆に陽イオンは内側へ変位し，電気二重層が形成され安定化している．塩化ナトリウム結晶の場合，（100）面

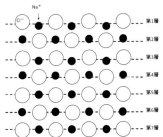

図8・1 ハロゲン化アルカリ（100）面の物理的緩和モデル．点線は内部結晶格子におけるイオン位置を示す．

の第一層と第二層の陽陰イオンの平均位置は，内部結晶格子の間隔に比べて3%程度圧縮されている．また，この格子間隔の異常性は，表面から第五層まで及んでいる．

これは表面の不連続性で生じた過剰エネルギーを緩和するために起こる．しかしながら，当然バルクと同様のレベルまでエネルギーが低下することはない．そのため，表面層の融点がバルクに比較して低いなど，特徴的な性質

を示す. ナノ粒子の構造は, 見方を変えるとこのような物理的緩和層の存在が顕著な状態と考えられる. 蛍光波長の異常性などの量子サイズ効果は表面化学的立場から見れば, 物理的緩和現象の特別な場合であるとも理解できる.

一方, 多くの物質の表面では化学的緩和現象が起きている. シリカやアルミナなどの無機酸化物の表面が大気中の水分と反応し, 表面水酸基を生成することは良く知られている [8-9]. 表面水酸基は, 加熱により表面から脱離するが, その脱離挙動は, 酸化物の種類により異なるだけではなく, 同種の酸化物であっても, 試料の製法や履歴により変化するので注意が必要である.

これら表面水酸基は吸着サイト, 溶媒中での表面電荷の起源として重要な役割を担い, 前者は気中における凝集や固結現象の支配因子と直結し, 後者は液中での分散・凝集挙動を決定する因子となる. また, 表面水酸基は, シランカップリング剤など化学的表面改質の反応基点としても利用される. さらに, 水酸基が生成した表面上には多くの場合, 雰囲気の湿度に対応した量の物理吸着水が存在する. これらの存在量もまた, 粒子ならびにバルク特性の制御, 機能性付与の観点から非常に重要である. したがって, 粉体表面に存在する表面水酸基の量や化学的性質の違いについて把握することは粉体のキャラクタリゼーションとして重要な位置を占める.

8.3 アルミナ微粒子表面のキャラクタリゼーション

アルミナは構造用材料をはじめとし, 電子材料やフィラー剤など, 様々な分野, 用途に用いられる, 無機酸化物の中でも最もポピュラーな材料である. そのため, アルミナ粉体に求められる特性は, 分散性, 焼結性, 流動性, 充填性など多種多様である [9-13]. これらの特性は言うまでもなく, 粒子表面状態に強く依存する [36-38]. アルミナは様々な方法 [14-18] により工業的に製造されているが, その合成条件, 熱処理条件, 粉砕処理条件などが異なる. これら製造方法の違いに起因した粉体の表面状態の差異が, 大気中の水分子との相互作用もあり, 複雑な表面水和層を形成する.

図8・2に製造方法やグレードの異なる市販高純度アルミナにおける H_2O 分子の昇温脱離(TPD)質量分析の結果を示す [1]. 測定方法に関する詳細な情報は

文献[1,19]を参考にされたい．TPDスペクトルにおいて，A粉体の脱離挙動は各グレード間で類似していた．一方，B粉体ではその脱離挙動は各グレード間で異なっており，B1粉体はA粉体の脱離挙動，脱離速度に類似しているが，B2粉体では約330℃付近に特徴的な鋭いピークが確認された．このように製造方法の違いのみならず，グレードの違いによっても，粉体によりその脱離速度，脱離挙動が異なっている事がわかる．

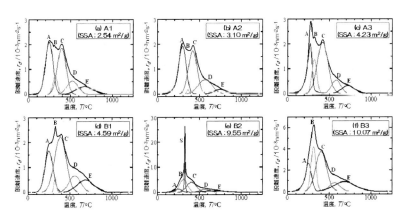

図8・2 高純度α-アルミナ粉末におけるH₂O分子のTPDスペクトル．製造方法，グレードの違いによりH₂O分子の脱離速度，脱離挙動が異なっていることが分かる．

これらのTPDスペクトルから詳細な解析を行うため，各々のピークを分離し，そのピーク温度に対応する温度域で測定された拡散反射フーリエ赤外分光(DRIFT)スペクトルとの比較，検討により，各ピークが，どのような状態の水酸基に起因したH_2O分子の脱離なのかという同定を試みた．その結果，ピークAは擬ベーマイト構造中の水酸基，ピークBは非晶質な水酸化アルミニウム構造中の水酸基，ピークCは非晶質ベーマイト構造中の水酸基，ピークDは水素結合した水酸基，ピークEは単離した水酸基に起因する水分子の脱離という事がわかった．またB2にのみ見られた特徴的なピークSは，熱水和したB3粉体のTPDMS及びXRDの結果から，結晶化した水酸化アルミニウムの分解に起因する事がわかった．各々のTPDスペクトルより算出した，単位面積あたりのH_2O分子総脱離量を図8・3に示す．これらの結果より，高純度

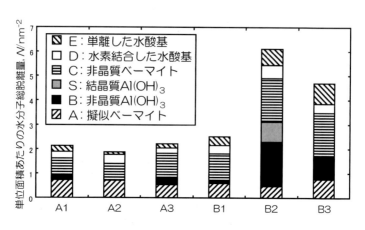

図8・3 各粉末のTPDスペクトルより算出した単位面積あたりのH_2O分子総脱離量

アルミナ粉体表面の水和物層は決して一様ではなく，製造方法，グレードの違いにより，水和挙動，水和量に差異が生じる事がわかった[1].

またアルミナ粉体表面は，大気中において水蒸気以外の反応性気体（酸素，二酸化炭素等）との吸着，化学反応が生じると考えられる．ここではアルミナ粉体表面上における水酸基と吸着CO_2分子の相互作用に関する結果[4,5]について紹介する．図8・4にCO_2分子のTPDスペクトルを示す．図より，各粉体とも約230～270℃付近に主脱離ピークが見られ，またA粉体とB粉体間に大きな脱離速度の差があった．また単位面積あたりのCO_2分子総脱離量を算出してみると，やはり水分子の場合と同様に，A粉体は各グレード間の差は少なく，B粉体は各グレード間にはばらつきが見られた．しかしH_2O分子の総脱離量ではA粉体と同程度（図8・3参照）であったB1粉体も，CO_2の総脱離量においてはA粉体の実に7倍以上の脱離量である事が分かった．通常，CO_2分子がアルミナ粉体表面に吸着する際，粉体表面の水酸基との水素結合による吸着が考えられる．この水素結合により吸着したCO_2分子は，水酸基との相互作用によりカルボニル水素イオンを形成する事がBaratonら[20]により報告されている．更に下に示す反応式のようにAl^{IV}イオンに配位した水酸基はCO_2分子とカルボニル水素イオンを形成する（式8・1）が，Al^{VI}イオンに配位し

$$\text{OH} \atop \underset{\text{Al}}{|} + \text{O=C=O} \longrightarrow \underset{\text{Al}}{\overset{\text{O-C-OH}^{\oplus}}{\underset{|}{\overset{\|}{\text{O}}}}} \qquad (8\cdot1)$$

$$\text{OH} \atop \underset{\text{Al}}{|} + \text{O=C=O} \longrightarrow \underset{\text{Al}}{\overset{\text{OH}\cdots\text{O=C=O}}{|}} \qquad (8\cdot2)$$

た水酸基と CO_2 は水素結合のまま存在する(式 8・2)としている.

また真空加熱下における IR 測定により,前者は真空中 200℃で分解,脱離し,後者は真空引きのみで CO_2 が脱離するという事も報告している.そこで DRIFT 法より得られた α アルミナ粉体表面の Al^{IV} イオンに配位した水酸基の量と,TPDMS 法により得られた CO_2 分子の総脱離量の関係を求めてみた(図 8・5).するとそれらには相関関係があり,A 粉体よりも B 粉体のほうが Al^{IV} イオンに配位した水酸基の量が多い事が分かった.本実験に使用した TPDMS 装置は超高真空型であるので,水素結合により吸着した CO_2 分子は真空引きにより脱離し TPD スペクトルに寄与しないと考えられる事と,その脱離温度から,CO_2 分子の TPD スペクトルにおける主脱離ピークはカルボニル水素イオンに起因する脱離ピークという事がわかった.これらの結果より製造方法の違いにより高純度アルミナ粉体表面の水酸基の種類とその存在割合は異なり,特に Al^{IV} イオンに配位した水酸基は,吸着した CO_2 分子との相互作用によりカルボニル水素イオンを形成するなど,水和過程に吸着分子との相互作

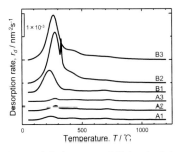

図 8・4 高純度 α-アルミナ粉末における CO_2 分子の TPD スペクトル.各粉末とも約 230～270℃付近に主脱離ピークがみられる.

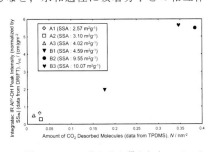

図 8・5 DRIFT 法により得られた α アルミナ粉末表面の Al^{IV} イオンに配位した水酸基の量と,TPDMS 法により得られた CO_2 分子の総脱離量の関係.

用が絡み合い，複雑に水和物層が形成していく [4,5].

8.4 セラミックススラリーの分散凝集状態の評価

一般的にスラリーの分散状態は，図 8·6 に示すようにゼータ電位，粒度分布測定，レオロジー測定・沈降実験などの方法で評価されている [21-28]. 表 8·1 にこれら評価方法の特長および問題点を示す.

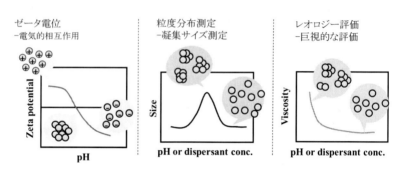

図 8·6：一般的なスラリーの分散性の評価方法

表 8·1 スラリー中粒子分散凝集性の評価手法

評価技術	評価項目	特長	問題点
レオロジー特性	見かけ粘度	成形性に関連	見かけ粘度と粒子分散性が一致しない可能性がある。
粒子径分布	凝集粒子径	測定値が直感的	測定原理による差異 粒子形状の影響
ゼータ電位	粒子表面電位	分散力に直結	高粒子濃度での測定困難
沈降堆積	沈降・充填性	成形性に関連 低コスト	要長時間

スラリーの見かけ粘度に代表されるレオロジー特性による粒子分散性評価は，古くから用いられている [21-26]．これは，液中粒子の分散凝集状態，またその構造の違いにより，スラリーの流動性が変化することに基づく評価である．一般に，同じ固体濃度のスラリーにおいて pH や分散剤添加量の何れかを変化させた場合，低い見かけ粘度をもって分散性が良いとみなし，粘度が高い場合を凝集系とみなす．せん断応力-せん断速度曲線の形から，例えばせん断速度の増加に伴い応力増加が緩やかになる（見かけ粘度が減少する）場合は shear-thinning と呼ばれ，せん断により崩壊する比較的緩い凝集体の存在が推測される．その他，チキソトロピーやダイラタンシー等のスラリー流動特性などがレオロジー測定により判別可能である．このように，レオロジー特性の測定は粒子分散性のみならず，成形操作に影響するスラリーの流動性が評価できる．これまでスラリーのレオロジー特性と粒子分散凝集構造との相関について検討がなされているが，見かけ粘度が同じであっても粒子の分散凝集構造に明確な違いがあることが多々ある．

粒度径分布測定によるスラリー中粒子の凝集サイズ測定は，測定値が直感的であり粒子分散性評価には有用であるが，測定値についての測定原理による差異及び粒子形状の影響は永遠の課題である．また測定原理にもよるが，セラミックスラリーなどの濃厚分散液は希釈する必要があり，実スラリー中の粒子分散性を反映しているか，という点では検討の余地がある．さらに混合スラリーの場合，それぞれの屈折率により図 8・7 に示すように粒度分布の結果が異なっ

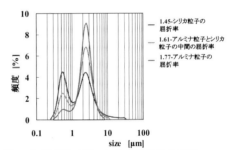

図 8・7 屈折率の違いによる粒度分布の変化（レーザー回折）

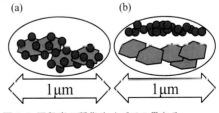

図 8・8 同程度の凝集サイズでの異なる凝集構造

てしまう．また，図8・8(a)に示すような一方の粒子に他方の粒子が吸着している凝集構造と，図8・8(b)に示すそれぞれの粒子同士で凝集しあう構造といった異なる状態でも，同程度平均凝集サイズを示すことがあり得る．

ゼータ電位は，スラリー中粒子の帯電に起因する界面動電位とみなされ，分散力としての粒子間の静電気斥力の尺度になる．従って，等電点（ゼータ電位がゼロになるpH）付近では凝集系，ゼータ電位が十分に高ければ分散性が高いと予測される[26,27]．ゼータ電位では，粒度分布と同じく高固体濃度での測定が難しいこと，および極性の低い非水溶媒中では静電気斥力が分散力になりえずゼータ電位は粒子分散性評価には難しい，という点が問題である．沈降堆積試験は，スラリー中粒子の重力（もしくは遠心などによる外場）による沈降により形成される堆積層の厚さを測定し，同じ固体濃度のスラリーについて，堆積層が厚い（充填率が低い）場合に凝集系，堆積層が薄く充填率が高い場合を分散性が高いとみなす．この方法は，粒子充填性に寄与する粒子分散凝集性が分かるため，セラミックスなどの成形性に関連する評価が可能であるが，分散性の高いナノ粒子スラリーなどの場合，沈降までに長時間を有する場合は，沈降しないことが問題となる．

8.5 その場固化観察法の概念と原理

スラリー中の粒子状態を固定する試みとしては，凍結乾燥法やその類似法であるCRYO-SEMを利用した方法[29,30]も用いられているが，これらの方法では分散媒を除去した後の状態しか観察することができず，また，観察もSEMによる表面的なものに限られる．

ここで紹介する方法では，その場固化成形法を応用して，スラリー中の粒子状態を分散媒ごと固定する．その場固化した成形体は加工が容易で薄片にすることができるため，透過光を利用して三次元的な構造を把握することが可能となる．本方法はスラリーを固化して得た成形体を観察する方法ではあるが，従来行われているような，スラリーを鋳込みや遠心沈降，加圧ろ過等の成形法で固化し，成形体の微細構造の観察結果とスラリーの分散・凝集状態とを関連付ける方法[29-35]とは異なる視点に立つものである．従来法ではス

ラリーの固化過程で分散媒の移動及び除去があり，成形体の微細構造における気孔構造や粒子充填の均一性等に着目して，これらとスラリーの分散状態との関係を評価している．これに対し本方法は，スラリーの分散状態を分散媒ごと固定した状態を直接的に観察しようとしている点で異なっている．本方法の概念図を図 8·9 に示す．

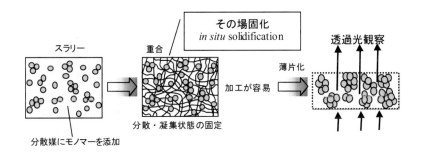

図 8·9 その場固化成形法を応用したスラリーの分散・凝集状態の観察

次に，その場固化成形法の概要を述べる．この方法は，一般にゲルキャスティング[36]と呼ばれており，スラリーの分散媒を重合反応させることにより，形成したポリマーの網目構造の中にセラミックス粒子が保持される．重合反応の単位として，鎖状構造を形成させるためモノマーと，網目構造を形成させるための架橋剤が必要である．重合反応による網目構造の形成が極めて短時間に進行することを利用して，スラリー中粒子の分散・凝集状態を固定できる．

その場固化観察法の評価事例

観察試料の作製フローチャートを図 8·10 に示す．今回は代表的なセラミックス材料としてアルミナ（AL-160SG4, 昭和電工㈱, 平均粒子径 0.5μm）を使用し，高分子分散剤（カルボン酸アンモニウム系, セルナ D-305, 中京油脂）の添加量によってスラリーの分散状態を変化させたスラリーの観察例を示す．また，スラリー濃度は，10, 20, 30 mass%の 3 種類について検討した結果を紹介する．ゲル化に要する時間は，重合開始剤及び触媒の添加量に

依存する[38]. その場固化とはいえ瞬間的に固化する訳ではない. したがって, 重力沈降の影響が問題となる前に固化できる条件を選ぶ必要がある. これは重合開始剤及び触媒の添加量を調整することで対応可能である.

以下に紹介する例は, 重合開始剤及び触媒の添加量を各々0.5, 0.1 mass%とした. 但し, スラリー濃度 10 mass%, 分散剤添加量が 0.3〜0.4 mass%の範囲のスラリーのみ, 沈降の生じないはずの時間で相分離が起きたため, 重合開始剤及び触媒の添加量を各々0.02, 0.05 mass%まで減量して相分離のない固化体を得た. この添加量ではゲル化時間は長くなるが, 後述するようにこれらの条件のスラリーは良分散状態であり, 沈降の問題は生じない. ゲル化中に沈降や相分離が生じていないかどうかの確認は, 成形体の上部, 中部, 下部より作製した薄片を比較観察することにより行なえる.

分散剤の添加量に対するスラリーの粘度変化を図 8・11 に示す. モノマー及び架橋剤を添加した場合と添加しない場合で, 相対粘度の変化はほとんど一致している. このことから, その場固化するために添加したモノマーや架橋剤が, 分散剤添加量によるスラリーの粘度変化に影響を及ぼしていないことが分かる. 分散剤添加量に対しては, 0.2 mass%までは添加量の増加に伴って粘度は大きく減少し, その後は 0.6 mass%までほとんど一定の値を示している.

図 8・12(a)〜(d)に, 厚さ 3μm の薄片試料の透過光観察像を示す. 分散剤の添加量によって粒子の分散状態が大

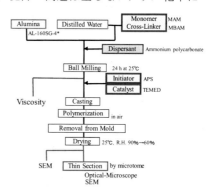

図 8・10 観察試料の作製手順

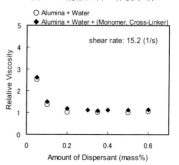

図 8・11 分散剤の添加量に対するスラリーの粘度変化 (スラリー濃度 10 mass%)

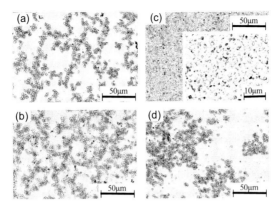

図 8·12 スラリー濃度 10 mass%の薄片試料の透過光観察像(厚さ 3μm)
分散剤添加量 (a)0.1, (b)0.2, (c)0.35, (d)0.5 mass%

きく異なっていることが，極めて明瞭に観察されている．分散剤が不足している領域（≦0.2 mass%）では所謂パールチェーン状のネットワーク構造が形成されており，分散剤量の増加に伴いこのネットワーク構造の単位が小さくなる．分散剤量が最適と考えられる領域（0.3〜0.4 mass%）では単分散に近い状態であり，それ以上の過剰量の分散剤が添加された領域では，大きさが不ぞろいな島状構造の凝集体が観察される．分散剤不足領域におけるネットワーク構造は，透過光で観察したことによって明らかになったものである．図 8·13 に示すように，ミクロトーム切削表面または研磨面を SEM 観察した場合には，表面上に頭を出している粒子しか観察できないため，ネットワーク構造を確認するのは難しい．透過光像では，試料厚さ方向の粒子の連なりが透けて見えるため，いわば三次元的な構造を反映した二次元像が得られ，ネットワーク構造がはっきりと観察できる．

従来から，分散剤の添加量の増加に伴って，粒子の分散状態が図 8·14 に示したモデルのように変化すると考えられていた．これは，前述したような間接的手法による結果から，考えられたモデルであった．本方法によって，このような構造変化の実像を得られたことは大変興味深い．

その場固化試料の破断面を SEM 観察した結果，図 15(a)(b) に示すように，ネ

ットワーク凝集体では，マトリックス部（ポリマー）がネットワーク構造に添って破断しており，これに対し分散剤過剰領域では，凝集体の存在に関係なくフラットに破断していた．これらの観察結果から可能なひとつの解釈として，分散剤不足領域のネットワーク凝集体と，分散剤過剰領域の島状凝集体とでは，粒子間の結びつきの強さが異なると考えることができる．すなわち，ネットワーク構造では粒子間の結びつきが強いためにマトリックス部の破断がネットワーク構造に依存し，分散剤の再架橋による凝集構造では，粒子間の結びつきが強くないために凝集体内部で破断すると考えられる．

　本方法で最も懸念されるのは，その場固化するために添加しているモノマーや架橋剤が，本来のスラリー分散・凝集状態に影響を与えていないかということである．この問題の検討のために，モノマー及び架橋剤を添加していない水系スラリーを凍結乾燥した試料を作製し，その観察結果をその場固化試料の観察結果と比較した．スラリー濃度は同じく 10 mass%とし，モノマー・架橋剤を含まない以外は，その場固化法による観察用スラリーと全く同じようにスラリーを調製し，液体窒素温度で凍結させた後に常温で真空乾燥した．

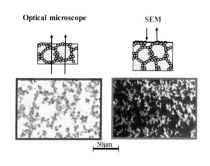

図 8・13 透過光観察と SEM による表面観察の比較．（スラリー濃度 10mass%，分散剤添加量 0.1 mass%）

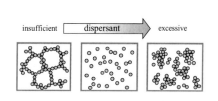

図 8・14 分散剤添加量の増加に伴う分散状態の変化

図 8·15: その場固化試料の破断面の SEM 観察像. スラリー濃度 10 mass%, 分散剤添加量 (a)0.1, (b)0.5 mass%

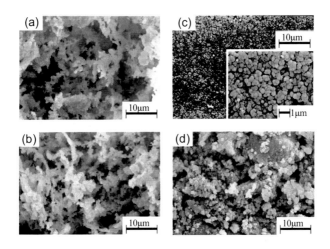

図 8·16: 凍結乾燥試料の SEM 観察像. スラリー濃度 10 mass%, 分散剤添加量 (a)0.1, (b)0.2, (c)0.35, (d)0.5 mass%

　凍結乾燥試料の SEM 観察像を図 8·16(a)〜(d)に示す. 薄片試料の透過光像に比べると構造の明瞭さでは明らかに劣っている. これは, 分散媒が除去された際に分散媒が占めていた空間が保たれにくいことに因る. このことは, 粒子間に接点の少ない構造の場合ほど顕著である. しかし, 注意深く観察することにより, その場固化試料について観察された結果とよく似ける構造が観察された. すなわち, 分散剤不足領域ではネットワーク構造が観察され, 良分散状態を経て, 分散剤過剰領域での様々な大きさの凝集体へと変化して

いる．このことから，その場固化法において，重合反応のために添加したモノマーや架橋剤がスラリー中粒子の本来の分散状態に影響を与えておらず，その場固化法によってスラリー状態が擬似的に固定されていることが確認できる．

8.6 まとめ

スラリー中粒子の分散状態を擬似的に固定し，直接観察するその場固化観察法について概説し，レオロジー特性との対応を示した．これまでセラミックスのスラリー特性評価は主にレオロジー特性による間接的に評価が用いられてきた．しかしながら，レオロジー特性だけではスラリー中の粒子構造が十分反されていないことがご理解いただけたと思う．また，粒子がスラリーの中でどのような状態にあるかを直接的に観察する方法が粒子の分散・凝集状態評価に極めて有用であることがお分かりいただけただろう．本報はまだまだ荒削りな部分もあり，今後改善して行きたいと考えている．また誌面の都合上，説明不十分の感もある，参考文献で適宜補っていただきたい．本論が粉体物性理解の一助となれば幸いである．

参考文献

1) T. Shirai, J. W. Li, K. Matsumaru, C. Ishizaki and K. Ishizaki: Sci. and Tech.of Adv. Mat., 6, 123 (2005).

2) T. Shirai, C. Ishizaki and K. Ishizaki: Interceram, 50, 176 (2001).

3) T. Shirai, C. Ishizaki and K. Ishizaki: J. Ceram. Soc. Japan, 114, 286 (2006).

4) T. Shirai, K. Matsumaru, C. Ishizaki and K. Ishizaki: J. Japan Inst. Metals, 68, 102 (2004).

5) T. Shirai, C. Ishizaki and K. Ishizaki: J. Ceram. Soc. Japan, 114, 415 (2006).

6) M. Takahashi, M. Oya, M. Fuji: Advanced Powder Technology, 15, 97 (2004)

7) G.C.Benson and T.A.Clazton: J. Chem., Phys., 48, 1356 (1968).

8) R. K. Iler: "The Chemistry of Silica", p.622, Jhon Wiley & Sons Inc., (1979).

9) C. Morterra and G. Magnacca: Catalysis Today, 27, 497 (1996).

10) J. F. Kelso and T. A. Ferrazoli: J. Am. Ceram. Soc., 72, 625 (1989).

11) D. E. Niesz, and R. B. Bennett: "Structure and Properties of Agglomerates", p.61, in Ceramic Processing Before Firing. Edited by G. Y. Onoda, Jr., and L. L. Hench. Wiley, New York, (1978).

12) M. Kitayama and J. A. Pask: J. Am. Ceram. Soc., 79, 2003 (1996).

13) C. M. Incorvati, D. H. Lee, James S. Reed and R. A. Condrate Sr.: Am. Ceram. Soc. Bull., 76, 65 (1997).

14) B. E. Yoldas: J. Appl. Chem. Biotech., 23, 803 (1973).

15) H. Endl, B. D. Kruse and H. Hausner: Berichte der Deutschen Keramischen Gesellschaft, 54, 105 (1977).

16) Y. Uchida, Y. Sawabe, M. Mohri, N. Shiraga and Y. Matsui: Science, Technology and applications of colloidal suspensions, 159 (1995).

17) S. Iijima: Jpn. J. Appl. Phys., 23, 347 (1984).

18) Y. Takeuchi, H. Umezaki and H. Kadokura: Sumitomokagaku, 1993-I, 4 (1993).

19) M. Kawamoto, K. Ishizaki and C. Ishizaki: "Temperature Programmed Desorption as a Surface Characterization Method of Ceramic Powders", p.283, in Handbook on Characterization Techniques for the Solid-Solution Interfaces, Ed. J. H. Adair, J. A. Casey and S. Venigalla, The American Ceramic Society, Westerville, OH, (1993).

20) M. I. Baraton, X. Chen and K. E. Gonsalves: Nano Structured Materials, 8, 435 (1997).

21) J. Taballion, R. Clasen, J. Reinshagen, R. Oberacker, and M. J. Hoffman: Ceramic Transactions. 133 (2002) 183-188

22) W-C. J. Wei, S. J. Lu, and B.-K. Yu: Journal of the European Ceramic Society, 15 (1995) 155-164

23) Preecha Panya, Erica J. Wanless: Journal of the American Ceramic Society. Soc., 88 (2005) 540-546

24) Dean-Mo Liu: Journal of the American Ceramic Society, 82 (1999) 2647-2652

25) Zhongwu Zhou, Peter J. Scales, David V. Boger: Chemical Engineering Science,

56 (2001) 2901-2920

26) Veronique M. B. Molonery, David Parris, Mohan J. Edirisinghe: Journal of the American Ceramic Society , 78 (1995) 3225-3232

27) Olga Burgos-Montes, Rodrigo Moreno: Journal of the European Ceramic Society, 29 (2009) 603–610.

28) S. Fazio, J. Guzm´an, M.T. Colomer, A. Salomoni, R. Moreno: Journal of the European Ceramic Society 28 (2008) 2171–2176

29) Both, H., R. Oberacker, and M. Hoffmann: Z. Metallkd., 90 12-14 (1990).

30) Oberacker, R., J. Reinshagen, H. Both, and M. J. Hoffmann: "Ceramic Slurries with Bimodal Particle Size Distributions: Rheology, Suspension Structure and Behaviour during Pressure Filtration", pp.179-184 in Ceramic Processing Science VI, Edited by S. Hirano et al. The American Ceramic Society, Ohio, 2001.

31) Ramachandra, R. R.; H. N. Roopa, and T. S. Kannan: Ceram. International, 25, 223-230 (1999).

32) Wei, W-C. J., S. J. Lu, and B-K. Yu: J. Euro. Ceram. Soc., 15, 155-164 (1995).

33) Sacks, M. D. and T-Y. Tseng: J. Am. Ceram. Soc., 67, 526-532(1984).

34) Sacks, M. D., H-W. Lee and O. E. Rojas: J. Am. Ceram. Soc., 71, 370-379 (1988).

35) Jang, H. M., J. H. Moon and B. H. Kim: J. Ceram.Soc. Japan, 102, 19-127 (1994).

36) Young, A. C., O. O. Omatete, M. A. Janney, and P. A. Menchhofer: J. Am. Ceram. Soc., 74, 612-18 (1991).

37) Tanaka, T.: "Gels", Scientific American, 244, 124-138 (1981)

38) 平成 10 年度地域コンソーシアム研究開発事業「ベンチャー企業育成型地域コンソーシアム（中核的産業創造型）」「環境用ファインセラミックス多孔体の多品種対応型新製造技術の開発」（第 2 年度）成果報告書，新エネルギー・産業技術総合開発機構，(財)ファインセラミックスセンター，名古屋工業技術研究所（2000）p.115-144

第9章　化粧品におけるレオロジーとサイコレオロジー

レオロジー入門 [1), 2), 3), 4)]

9.1.1 レオロジーとは

　日常の経験として，化粧品液滴を容器から取り出して肌上に乗せた際に，1）瞬時に周りに流れ広がるもの，2）ゆっくりと形を変えつつ広がっていくもの，3）全く形が変わらないものがあることを知っている．引き続いて，これらを指先で肌状に塗り広げる時，広げるのに必要な力は1），2），3）の順に大きくなることも経験する．最初の液滴の挙動は，重力による物（ここでは化粧品液滴）の変形および流動挙動である．次の，指先による塗り広げは，指先で加えた力による物の変形および流動挙動である．このような，物の変形と流動を扱う学問がレオロジーである．なお，ここで，変形とは物の重心が変化しない範囲の変形のことで，流動とは重心位置が変化するような変形を意味する．

9.1.2 レオロジーの基礎用語

　レオロジーの一つの面は，外力によるマクロな視点での物の変形・流動挙動を応力と歪みあるいは歪み速度（1秒間にどれだけ歪むか）との関係で把握することである．把握するために行う計測がレオロジー測定である．例えば，図9・1・1上段に示すように，直方体形状をした物の上面と下面に，それぞれの面に平行に，力の大きさは同じで向きが正反対の外力を加えて物を変形させて（この変形をずり変形という）測定を行う．物のサイズが異なると同じ力を加えても変形量は異なるため，レオロジーでは物のサイズに依存しない力と変形量を表す物理量を定義して用いる．力には応力，変形には歪みという量が用いられる．面に加わる力を F ，面積を S ，とすると応力 σ（ギリシャ語のシグマ）は，

$$\sigma = F / S \qquad (9\cdot1)$$

となる．直方体の上面の移動量を Δx，直方体の高さを y とすると，歪み γ（ギリシャ語のガンマ）は，

$$\gamma = \Delta x / y \tag{9・2}$$

となる．なお，長さの単位をメートル[m]，力の単位をニュートン[N]で表すと，応力の単位はパスカル[Pa]となる．

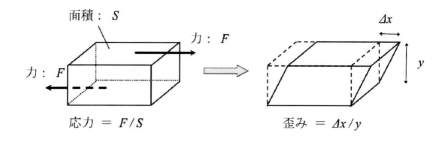

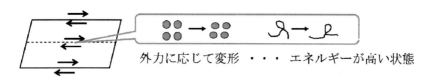

図 9・1・1 外力による物の変形

図 9・1・1 上段のような構成で，瞬間的に測定サンプルに一定の歪み γ を加える測定を行うことを考える．理想的な弾性体では，加わった歪みへの応答として，瞬時に一定の応力 σ が生じ，その状態が維持される．σ 値は γ 値に正比例し，比例定数は弾性率 G とよばれる．式で表すと，

$$\sigma = G\gamma \tag{9・3}$$

となる．G の単位は σ と同じパスカル[Pa]である．理想的な弾性体に近いのはバネで，σ と γ が正比例することを利用して秤として使われている．

同様に，理想的な粘性体では，測定サンプルの歪み γ が変化している最中にのみ，歪み速度に比例した応力 σ が生じる．比例定数は粘性率 η（ギリシャ語

のイータ）で，式で表すと，

$$\sigma = \eta \, d\gamma / dt \quad (d\gamma / dt \text{ は歪み速度}) \tag{9・4}$$

となる．η の単位はパスカル・秒[Pa・s]である．理想的な粘性体の挙動を体感できる物としてあえて挙げれば，水がある．例えば，注射器中の水は，ピストンを強く押せば押すほど勢いよく吐出し，押すのを止めるとたちまち吐出しなくなる．

　それでは，現実の物質はというと，理想的な弾性体と理想的な粘性体の中間的な応答を示す．瞬間的な歪み γ の印加に応じて，瞬間的に応力 σ が生じ，それが時間とともに減衰する挙動が検出される．γ と σ の関係で式に表すと，

$$\sigma(t) = G(t) \, \gamma \tag{9・5}$$

となる．式の形は理想的な弾性体の場合と同じであるが，この場合，σ も弾性率 G も時間の関数となる．

　レオロジーのもう一つの面はミクロな視点で，作用・反作用の法則より，物の表面で検出される応力が，物内部の構成要素の変形により生じた応力を反映したものであるということである（図 9・1・1 下段）．つまり，検出される応力より，物の構成要素の運動性を知ることができることになる．外力により生じる構成要素の変形が，各構成要素の安定位置近傍での微小な振動程度であれば，構成要素は弾性変形したとになる．弾性変形を生じるのは微小振動程度の運動であるため，運動（応答）速度は速く，運動に必要なエネルギーは大きい．また，弾性変形は，外力により加わったエネルギーをポテンシャルエネルギーとして保存している変形である（高エネルギー状態を維持した状態）．外力が取り除かれれば，蓄えたポテンシャルエネルギーを使い元の位置に戻り，この間のエネルギーの消費はないことになる．

　ここで，外力により構成要素の弾性変形が生じ，ポテンシャルエネルギーが高い状態が形成されたとする．もし，構成要素の一部あるいは全体が，それらの重心位置を変えることができるような運動モードを有する場合，高エネルギー状態を解消すべく，構成要素の一部あるいは全体での位置の再配置が生じる．ミクロに見れば，構成要素の重心位置は移動し，弾性変形で蓄えられたエネルギーが運動エネルギーに変化し，熱エネルギーとして消費されることになる．

構成要素の重心が変化する運動というのは，見方を変えれば，ミクロレベルでの流動が生じたことであり，要は，ミクロなスケールでの粘性変形が生じたことになる．このような粘性変形を生じる運動モードは，弾性変形モードよりスケールが大きな運動であることより，弾性変形に比べて運動速度は遅くなる．

　ここまでのレオロジーについての基礎事項の説明では，説明のし易さのために，物に瞬間的な一定歪みを与え，その際の応力変化を計測する方法をベースに話をすすめてきた．しかしながら，より計測し易く，データ解釈がし易いのは，測定物に加える歪みとして正弦波を用いる動的粘弾性測定法である．動的粘弾性測定では，測定歪みを正弦波として加える．すると，弾性応答の場合には生じる応力が歪みに比例するため，検出される応力波は歪み波と同位相の正弦波になる．粘性応答の場合には生じる応力が歪み速度に比例するため，応力は位相が 90 度異なる正弦波として計測される．実在物は弾性体と粘性体の中間の応答を生じる（0 度より大きく 90 度より小さな位相差になる）．歪み波と応力波の位相差と両波の強度を計測し，これらより複素弾性率 G^* を求める．ここで，弾性率の前に複素という言葉がつくのは，位相が 90 度異なる弾性応答成分と粘性応答成分を，一つの式にまとめるために複素数表示としたためである．

　データの解釈に際しては，弾性応答に相当する弾性項が貯蔵弾性率 G'，粘性応答に相当する粘性項が損失弾性率 G'' ととらえる．また，両成分の位相差 δ（ギリシャ語のデルタ）は損失正接 $\tan\delta$ という量で表現される．もし，位相差の概念が分かり難い場合は，$\tan\delta = G''/G'$ の関係があることより，$\tan\delta$ は粘性応答と弾性応答の比率を表す物理量と考えればよい．

9.1.3 基本的なレオロジーデータと解釈

　最小限のレオロジー測定で必要な情報を得ることができる 3 種類の測定モードがある．この 3 種の測定モードで市販化粧水を測定した結果例とデータの見方について説明する．一つは，図 9・1・2 左に示す複素弾性率 G^* の歪み γ 依存性測定である．これは一定角周波数で測定歪みを次第に大きくしながら測定するモードである．低歪み域では，貯蔵弾性率 G'，損失弾性率 G''，および損失正接 $\tan\delta$ は一定値をとるが，ある歪みより G' 値は低下，G'' 値は低下（図のように

225

一旦極大を示す場合もあり),tan δ 値は増加していく.低歪み域の各レオロジーパラメータが一定値をとる領域を線形歪み域といい(このサンプルの場合の線形歪みは 0.02 程度),この歪みの範囲内ではサンプルの静置時の構造が保たれている.線形歪み域より印加歪みが大きくなるにつれ,静置時に形成された構造の破壊と流動が生じる.なお,動的粘弾性測定においては,印加する歪み正弦波と検出される応力正弦波の位相差を検出する必要があることより,正弦波が歪まない範囲の歪みでの測定を行う必要がある.通常,線形歪みより大きな歪みでは,正弦波は歪むとされており,測定は線形歪み下で行う必要がある.G^* の歪み依存性測定は線形歪みの範囲を求めるのに使用できるし,測定角周波数における測定サンプルの弾性の程度も知ることができる.

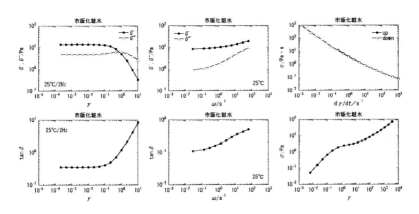

図 9・1・2 基本的なレオロジー測定モードでの市販化粧水の測定結果例
左図:貯蔵弾性率 G',損失弾性率 G'',tan δ の歪み γ 依存性
中図:貯蔵弾性率 G',損失弾性率 G'',tan δ の角周波数 ω 依存性
右図:粘性率 η の歪み速度 dγ/dt 依存性,応力 σ の歪み γ 依存性

次の測定モードは複素弾性率 G^* の角周波数 ω 依存性で(図 9・1・2 中図),線形歪み下で角周波数を変化させて測定する.測定には少なくとも 2 周期程度の正弦歪みの印加が必要なため,測定には時間を要する.そのため,測定セルへの測定サンプルの充填操作によるサンプル構造の破壊の回復を待った後に測定を行う必要があり,通常,測定には 1 時間程度以上かかる.各測定角周波数

における G' 値と G'' 値の大小関係あるいは tanδ 値より，サンプル構成要素の
ミクロな応答が弾性支配的なのか粘性支配的なのかを判断する．角周波数の逆
数は応答できる構成要素の運動モードの速さに対応する．高角周波数域ほど速
い運動モードの応答を反映していることになる．

　貯蔵弾性率 G'，損失弾性率 G'' の角周波数 ω 依存性を高周波数側から辿って
みる．高周波数域の歪みに応答できるのは安定位置近傍での構成要素の振動で
あり，弾性的な応答となる（G' 値も大きい）．測定角周波数を下げていき，歪
みにより形成された高エネルギー状態を緩和できるような運動モード（以下，
緩和モード）が生じるようになると（ミクロスケールでの粘性流動が生じる），
G' は低下し始め，G'' 値は増加して極大を示すようになる．さらに角周波数を
下げていくと，この緩和モードの速度の方が早くなり，運動している構成要素
部分を歪ますことができなくなるため，G' 値は引き続き低下し，G'' 値も低下
していく．この運動を行っている構成要素部分を完全に変形できなくなる角周
波数になると，G' 値，G'' 値ともに一定値を保つようになる．さらに周波数を
下げていき，別の緩和モードが応答し始めると，先の緩和モードの場合と同様
な G' 値と G'' 値の変化が生じる．中図の場合，高角周波数域に緩和モードがあ
るが，中から低角周波域には緩和モードがないようである．

　最後の測定モードは粘性率 η の歪み速度 dγ/dt 依存性測定である（図 1.2 右
図）．測定は，測定セル中のサンプルが十分構造回復した状態から，最初に歪み
速度を低い方から次第に上げながら測定する．続いて，歪み速度を高い方から
徐々に下げながら測定を行っていく．最初の歪み速度を上げながら測定する過
程は測定サンプルの構造が壊れていく状況を，次の速度を下げながら測定する
過程は測定サンプルが構造を回復する状況を計測していると考えている．最初
の歪み速度を上げる過程の η 値が歪み速度を下げる過程での η 値に比べて大き
い場合，サンプルの静置状態で何らかの構造形成があったことを示唆する．ま
た，歪み速度を下げていく過程で，η 値が増加する場合には，流動場の下で何ら
かの構造変化や静置状態で形成される構造への回復が生じていることを示唆す
る．

9.1.4 レオロジーの応用可能性

　レオロジーでは外力による物の変形と流動を扱う．以上で説明してきたように，外力による物の変形・流動挙動をマクロな視点とミクロ視点からとらえることができる．マクロな視点での物の変形・流動挙動は，例えば，化粧品のハンドリング性，感触，安定性といった製品性能と直接関係する．適切なレオロジー測定を行えば，化粧品性能の定量評価法として応用できる可能性がある．一方，ミクロな視点では，物の構成要素の運動性がレオロジー特性に反映されている．レオロジー特性を詳細に調べていけば，特性の違いから逆に，物を形成している構造の差を知ることができそうである．これらを既存の計測法と比較する形で図 9.3 としてまとめた．

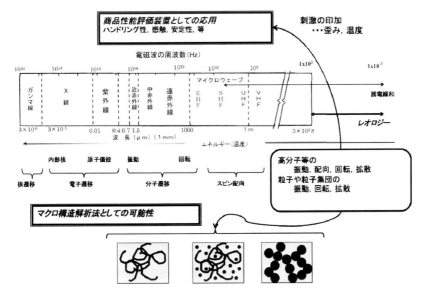

図 9・1・3　レオロジーの応用可能性

名畑嘉之著：化粧品のレオロジー，米田出版(2015)の図 2.1 より

　マクロ視点での応用については，製品性能が発現する状況を考え，その状況に合ったレオロジー測定を行えば結果は得られるはずである．ミクロ視点での

応用については，乳化・分散系が示すレオロジー特性についての報告例すら少ない状況である．しかしながら，理論面も含めデータ蓄積が進んでいる高分子レオロジーを参考に，構造が分かったモデル系での基礎データを蓄積していけば可能になるものと考えている．

9.2 構造把握へのレオロジーの応用
9.2.1 分散質性状の違いとレオロジー特性

　化粧品には，構造的には，溶媒に溶質として高分子が溶解したもの（高分子溶液），相溶しない液滴が分散したもの（エマルション），固体が分散したもの（分散液），およびこれらが組合わさったものがある．これらの本質的な差は，分散質の性状の違いで，高分子溶液では糸まり状になった高分子鎖が，エマルションでは液体が，分散液では固体がそれぞれ溶媒中に分散したものということになる．これら分散質の濃度が増えていく様子をイメージとして図 9.2.1 に示す．

図 9・2・1 溶質濃度の増加にともなう構造変化
名畑嘉之著：化粧品のレオロジー，米田出版(2015)の図 2.33 より

いずれの場合も，濃度の増加にともない，分散質（図では球状物として示す）が次第にお互いに接するようになる．濃度増加による液滴どうしの合一がなけ

れば，分散質の硬さの違い以外にはエマルションと分散液の構造には差がない．一方，高分子溶液については，高分子鎖自体が一本のバネのように振る舞うし，高濃度下では鎖間で幾何学的な絡み合いも生じるという特徴がある．

図 9.2.1 の構造の違いがレオロジー特性に及ぼす影響を知る目的で，分散質濃度の異なる各サンプル群（高分子溶液，エマルション，分散液の 3 種類の群）の複素弾性率 G^* の角周波数 ω 依存性，粘性率 η の歪み速度 $d\gamma/dt$ 依存性を測定した．高分子溶液としてはポリアクリル酸ナトリウム水溶液，エマルションとしては界面活性剤と水と油のみからなる O/W モデルエマルション，分散液としては高分子ラテックスを用いた．結果を図 9.2.2 に示す．

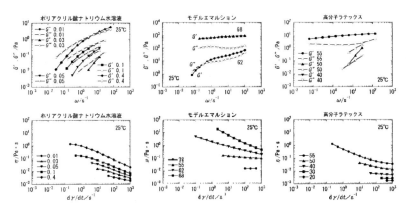

図 9・2・2 ポリアクリル酸ナトリウム水溶液(上左図), モデルエマルション(上中図), 高分子ラテックス(上右図)の貯蔵弾性率 G', 損失弾性率 G''の角周波数 ω 依存性
ポリアクリル酸ナトリウム水溶液(下左図), モデルエマルション(下中図), 高分子ラテックス(下右図)の粘性率 η の歪み速度 $d\gamma/dt$ 依存性
名畑嘉之著：化粧品のレオロジー，米田出版(2015)の図 2.33 と図 2.34 より

分散質性状が異なるどのサンプル群でも，低濃度域域では G^* の角周波数依存性において粘性項（損失弾性率 G''）のみが見られ，η の歪み速度依存性においても η は歪み速度に依存しない一定値をとる．分散質濃度が増すと G^* の角周波数依存性においては弾性項（貯蔵弾性率 G'）も検出されるようになり，η の歪み速度依存性も強くなる．さらに分散質濃度が高くなると，何れの群も分散

質同士が接触するようになる．この濃度域になると，高分子溶液のレオロジー特性はエマルションや分散液のものとは異なってくる．高分子溶液の場合，濃度が高くなると高分子鎖どうしが幾何学的な絡み合いを形成するようになる．この幾何学的な絡み合いの解消速度より早い歪みが印加されると，絡み合い点が架橋点のように振る舞うため，弾性的な応答が支配的になる．これが，高角周波数域で $G' > G''$ となる理由である．絡み合い点の解消速度より遅い歪みが加わる場合，高分子鎖は絡み合い部から抜け出すことができる．この緩和モードの存在が高分子サンプルにおいて低周波数域で G' 値と G'' 値が大きく低下する理由であるし，マクロスケールでの高分子の流動現象と関係している．η の歪み速度依存性については，絡み合いが解消できるような歪み速度下では，高分子糸まりの状態に変化はないため，一定の η 値をとる．絡み合いが解消できないような歪み速度下では，絡み合い部が架橋点として働き，高分子糸まりの変形等が生じて η 値は歪み速度の増加につれ低下する．

一方，エマルションと分散液の高分散質濃度域では，分散質間は物理的に接触している．正弦歪みの印加により形成される高エネルギー状態を解消するには，分散質が分散質間を結合させているエネルギー障壁を超えてミクロ流動しなければならない．分散質のサイズは大きいため，運動速度は遅くなる．そのため，この緩和モードは高分子鎖の絡み合いの解消モードに比べてずっと低い角周波数域で生じることになる．図 9·2·2 に見られるように，エマルションや分散液では測定角周波数内で緩和現象が見られない．粘性率 η の歪み速度依存性については，分散液中には複数の分散質どうしが接触して形成された凝集体が存在してるため，歪み速度下では凝集体の破壊が生じ，η 値は歪み速度の増加につれて低下する．

以上のように高分子溶液のレオロジー特性はエマルションや分散液のものとは異なる．より大きな違いは，Cox - Merz 則という経験則の成立性に大きな差があることである．この経験則は複素弾性率 G^* の角周波数 ω 依存性から得られる複素粘性率 η^*（$\eta^* = G^* / i\omega$, i は虚数単位）の絶対値 $|\eta^*|$ の ω 依存性と粘性率 η の歪み速度 $d\gamma / dt$ 依存性とを ω と $d\gamma / dt$ が等価としてプロット（Cox-Merz プロット）すると，高分子溶液では両プロットがよく重なるという

231

ものである.図 9・2・3 に各サンプル群についてプロットした結果を示す.図から明らかなように,高分子溶液では全濃度域で Cox-Merz 則がよく成立した.

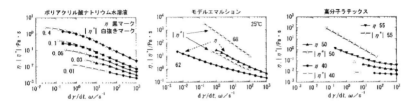

図 2.3 ポリアクリル酸ナトリウム水溶液(左図),モデルエマルション(中図),高分子ラテックス(右図)の Cox-Merz プロット
名畑嘉之著:化粧品のレオロジー、米田出版 (2015)の図 2.35 より

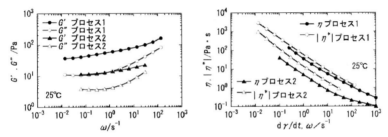

図 9・2・4 固体粒子分散エマルション製剤の貯蔵弾性率 G',損失弾性率 G'' の角周波数 ω 依存性(左図), Cox-Merz プロット(右図)
名畑嘉之著:化粧品のレオロジー,米田出版(2015)の図 2.37 より

次に,Cox-Merz 則を商品開発の現場で応用した例を示す.固体粒子も分散させたあるエマルション化粧品の調製において,調製プロセスの順序を変えると保存安定性が全く異なるものが得られた.プロセス 1 品では安定性がよかったのに対して,プロセス 2 品では保存 2 週間で油の分離が見られた.図 9・2・4 に両プロセス品の貯蔵弾性率 G',損失弾性率 G'' の角周波数 ω 依存性と Cox-Merz プロットを示す.G' および G'' の角周波数依存性を見る限り,G' 値は低いが,プロセス 2 品においても分散質等の接触で形成される 3 次元架橋構造が形成されていることが示唆された.一方,Cox-Merz プロットを見ると,プロセス 1 品

の方が粘性率 η 値と複素粘性率 $|\eta^*|$ 値が近い位置にプロットされた．このことより，増粘剤として配合した高分子物質が，プロセス1品では連続相中に溶解して存在しているのに対し，プロセス2品では連続相中にうまく溶解していないようであった．両プロセス品の安定性の差は，増粘剤の存在状態の違いであると考えた．

9.2.2 αゲルの形状違いの推定

化粧品の増粘技術の一つとしてαゲルの活用がある．αゲルは図9・2・5に示すように，界面活性剤の分子会合体が板状または球状に積層したものである．通常，αゲル構造体の有無は広角X線散乱WAXSからの分子会合体のヘキサゴナル的なパッキングの存在と，小角X線散乱SAXSからの周期構造の存在より判断される．一方，αゲル構造体の形状については，偏光顕微鏡像からわかる．しかしながら，小さな板状形体からなるαゲルの場合，顕微鏡像ではうまく見えない場合が多い．

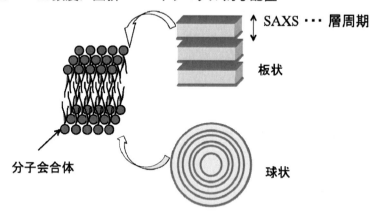

図9・2・5　αゲルの構造

これまでのレオロジー視点からの研究で，αゲルについては，層内中の分子の運動に関係する緩和モードとαゲル構造体としての緩和モードがあることが報告されている．[5] αゲル構造体の形体によってはこれら緩和モードの検出のされ易さが異なるはずで，これにより形体差を区別できるのではと考えた．そこで，球状と板状のαゲル構造体の存在比率が異なるモデル系で，この考えの妥当性を調べた．ヘアコンディショナーに用いられるある処方をベースに，αゲルを得る為の主成分であるアルキルアルコールの分子形体の違い（直鎖型と分岐型）に着目して，形体を制御した．図 9・2・6 に得られたモデルサンプルの偏光顕微鏡像を示す．分岐アルコールの割合を増やすと白い帯状の像が減り，マルテーゼクロス像が増えており，板状であったものが球状へと変化していることがわかる．

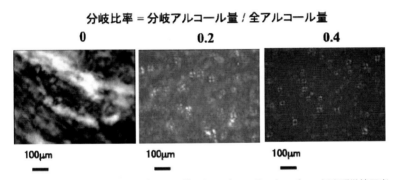

図 9・2・6 分岐アルコール比率を変えて調整したモデルαゲルサンプルの偏光顕微鏡写真

得られたモデルサンプルの複素弾性率の角周波数 ω 依存性と複素弾性率の温度 t 依存性を図 9・2・7 に示す．なお，複素弾性率の温度依存性を調べたのは，相転移の有無が敏感に検出できることと，構造の違いが相転移挙動の差として反映されるためである．図 9・2・7 左図の貯蔵弾性率 G' と $\tan\delta$ の角周波数依存性より，$\omega = 1$ 付近に緩和モードが，更に低角周波数域にも別の緩和モードがあることが分かった．これまの報告も考慮し，$\omega = 1$ 付近の緩和モードはαゲルの

層内の分子運動と帰属した．球状体が増すほどこの緩和モードの強度は低下した．これは，この緩和モードが層内の分子運動に起因するものであることより，球状体ではこの運動モードがあってもレオロジー的には検出できないためと考えた．

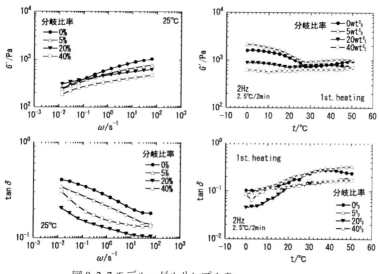

図 9・2・7 モデル α ゲルサンプルの
左図：貯蔵弾性率 G', $\tan\delta$ の角周波数 ω 依存性
右図：貯蔵弾性率 G', $\tan\delta$ の温度依存性

図 9・2・7 右図の貯蔵弾性率 G', と $\tan\delta$ の温度依存性のグラフを見ると，25℃付近を境に G' の温度依存性が変化していることが読み取れ，相転移の存在を示唆した．示差走査熱量計 DSC 測定でも微小な吸熱ピークが観測され，この相転移が α ゲルの β 型から α 型への相転移であることを確認した．層内の分子会合体のパッキング状態が変化する転移であることより，板状ラメラが多い方がこの転移の影響を大きく受け，レオロジー特性の変化として検出され易くなったと考えた．

235

以上より，板状ラメラが多い方が，複素弾性率の角周波数 ω 依存性の $\omega = 1$ 付近の緩和強度が強いことと，β 型から α 型への相転移が複素弾性率の温度依存性で顕著に観測できることが分かった．そこで，市販ヘアコンディショナーについてのレオロジー測定と走査電子顕微鏡 SEM 像観察を行った．板状体に特徴的なレオロジー特性が顕著に見えたものほど，SEM 像に板状体が多く観察できることを確認した．

9.3. 感触評価へのレオロジーの応用

9.3.1 はじめに

このご飯は"モチモチ"する，この布は"スベスベ"する，このハンドクリームは"コク"がある，といったように，ヒトは日常的に，食品，織物，化粧品等の実用性能（使用感触）を五感を使って官能的に評価している．力学的な使用感触に着目すると，官能評価という意味では心理学が，力学的なについてはレオロジーが関係していそうで，力学的な感触は両学問分野の境界域のテーマということになる．中川の書物によれば [6]，この境界領域をサイコレオロジーpsycho-rheology というようであり，psycho- は psychology（心理学）からきている．この書物にはサイコレオロジーの初期の様子や報告された結果への中川のコメント等も記されており一読を勧める．

9.3.2 化粧品の感触とレオロジー

ジャー容器に入った化粧品を使用することを考える．最初に，容器内の化粧品の一部を指先ですくい取り，続いて，それを肌上に塗り広げる．容器内の化粧品を指先ですくい取る際には，例えば，この化粧品は"硬くて脆い"といった印象をもつかもしれない．肌上に塗り広げる際には，例えば，"軽くてのびが良い"といった感じを抱くかもしれない．これらの過程で生じていることをイメージとして図 9-3-1 に示す．容器から化粧品をすくい取る過程，指先上にすくい取った化粧品を肌上に塗布する過程のいずれにおいても，指先による化粧品への歪みの印加があり，それによる化粧品からの力の応答があり，これらを

五感等で検知して脳内で感触として認知していると考えられる．化粧品とヒトの指先や肌の接触界面で生じていることは，指先等による測定サンプルへの歪みの印加と応答として生じた力の五感による検出で，レオロジー測定そのものであるといえる．ただし，感触をレオロジーで扱うためには，図 9・3・2 に示すように感触を認知する場面に応じたレオロジー測定を工夫して行う必要がある．

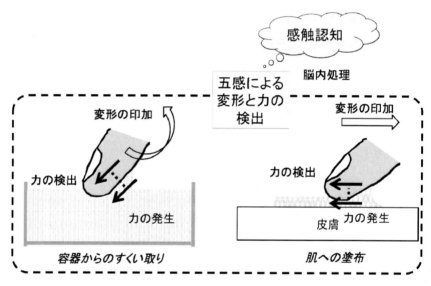

図 9・3・1 化粧品使用時の動作と感触認知のイメージ

レオロジー測定の工夫としては，大きく二つある．一つは，測定モードの最適化で，感触を認知する動作に合わせた測定条件を設定する必要がある．もう一つは，感触認知時の化粧品の状態をレオメータのセル中で再現することである．化粧品の感触認知時の動作に合わせたレオロジー測定を検討した例として，乳液とクリームの"こくがある"[7]，乳液の"ぬるつきのなさ"[8]，等がある．感触認知時の化粧品の状態を再現してレオロジー測定を行った例として，口紅の種々の塗布感触[9]，乳液の"べたつきのなさ"[10]，等がある．また，レオメ

ータを摩擦測定装置として使い，感触認知時の動作および化粧品の状態を再現した例として，ファンデーション粉体の手触り感触および固形ファンデーションの使用感触がある[11]．以下，乳液とクリームの"こくがある"のレオロジー評価を検討した例について紹介する．

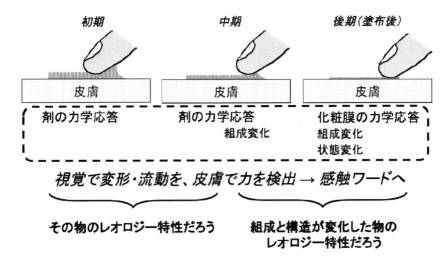

図 9・3・2 化粧品塗布過程と生じている現象

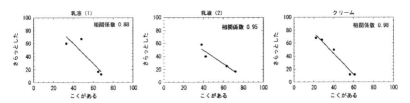

図 9・3・3 市販乳液(左図，中図)とクリーム(右図)の"こくがある"と"さらっとした"官能スコア間の関係
名畑嘉之著：化粧品のレオロジー，米田出版(2015)の図 2.8 より

9.3.3 化粧品の"こくがある"という感触

化粧品の塗布時の感触の一つとして"こくがある"がある．しかしながら，この感触は，直感的に，「"こくがある"とはこのような感触である」という具体的なイメージが湧きにくい感触である．市販の乳液 7 品とクリーム 5 品の塗布

時の感触についての官能評価アンケートを 60 名の一般消費者で行った．例えば，「この乳液は"こくがありますか"」といった質問に対し，「そう思う」，「ややそう思う」，「どちらともいえない」，「あまりそう思わない」，「そう思わない」

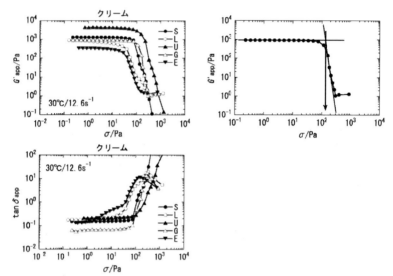

図 9・3・4 市販クリームの見かけの貯蔵弾性率 G'_{app} と見かけの $\tan\delta_{app}$ の応力 σ の依存性(右図)
G'_{app} が急激に低下する点の応力 s の求め方
名畑嘉之著：化粧品のレオロジー，米田出版(2015)の図 2.9，図 2.10 より

の 5 段階での回答をお願いし，それぞれの製品についての「そう思う」と「ややそう思う」の回答数の和が全回答中に占める割合を求めて各感触のスコア値とした．得られた各感触間の相関性を調べたところ，図 9・3・3 に示すように"こくがある"と"さらっとした"との間に強い負の相関性があった．

"さらっとした"については，粘度が低いイメージが湧くのと，図 9・3・3 の結果を考慮し，"こくがある"とは化粧品を塗り広げる際の，指先等が受ける抵抗感の変化の早さと関係しているのではないかと推定した．そうであるとすると，歪みの印加により，化粧品は静置状態から流動状態へと変化するが，この変化が生じる点での指先等が受ける抵抗感の変化挙動と関係するのではと考えた．この領域のレオロジー測定を行うのに適した測定モードは，複素弾性率の歪

依存性測定である．得られた測定結果の一例を図 9・3・4 左図に示す．図では指先が受ける抵抗感の指標として貯蔵弾性率（ここでは，非線形領域までの結果をプロットしているので，見かけの貯蔵弾性率 G'app として表示）を応力 σ との関係で示す．指先が受ける抵抗感が大きく変化するのは G'app が急速に低下する点であることより，図 9・3・4 右図のようにして，この点の応力値を求めた．この応力値と"こくがある"，"さらっとした"の官能スコアとの関係を示したのが図 3.5 である．図からわかるように，乳液，クリームともに G'app 値が急速に低下する時の応力と"こくがある"スコアには正の相関が，"さらっとした"スコ

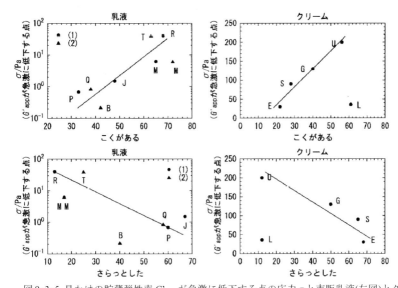

図9・3・5 見かけの貯蔵弾性率 G'app が急激に低下する点の応力 σ と市販乳液(左図)とクリーム(右図)の"こくがある"(上段)，"さらっとした"(下段)スコア値との関係

アには負の相関が見られた．なお，クリームサンプルの結果中のクリーム L については外れた位置にプロットされているが，これは L の性状が他のクリームと異なり液体的であったためと考えている．

線形歪み域の貯蔵弾性率が急速に低下する点は，静置時に形成されていた構造が壊れて流動を始める点で，"こくがある"，"さらっとした"はこの静置時の構

造が壊れて流動を始める点の応力値の大小と関係する感触であることがわかった.

9.4. おわりに

レオロジーの応用として，商品性能の定量化と性能発現因子の理解と商品構造の推定手法としての可能性があると考えて検討を行ってきている. ここでは化粧品を例に，得られた結果を紹介した. 商品性能の定量的把握については，性能発現の状況を再現したレオロジー測定を行えば、欲しい結果が得られると考えている. 商品構造の推定については，十分可能性はあると思うが，まだまだである. そのためには，構造がわかったモデル系での基礎データの蓄積と非線形域のレオロジーの測定・解析手法の確立が必要であると考えている. レオロジーの応用可能性は高いはずなので，レオロジー手法を商品開発のツールとして取り入れられる方が増えることを願っている.

引用文献

1) 小野木重治：化学モノグラフ 32 "化学者のためのレオロジー"，化学同人 (1982)

2) 中川鶴太郎：岩波全書 "レオロジー"，岩波書店 (1986)

3) 尾崎邦宏："レオロジーの世界"，森北出版 (2011)

4) 名畑嘉之："化粧品のレオロジー"，米田出版 (2015)

5) 文献 3)の p.135

6) 中川鶴太郎：岩波全書 "レオロジー"，pp.278-283， 岩波書店(1986)

7) 石川和宏，名畑嘉之，Fragrance Journal, No.9, 31 (2011)

8) 文献 4)の p.79-81

9) 名畑嘉之，鈴木幸一郎，吉田健介，並木伸郎，柴田雅史，
   Nihon Reoroji Gakkaishi, Vol. 35, 79 (2007)

10) 文献 4)の pp.81-87

11) 名畑嘉之，表面，Vol. 46, 635 (2008)

化学工学の進歩 50

最新 気泡・分散系現象の基礎と応用
ファインバブル・マイクロカプセル・スラリー・パウダーのハンドリング

2016年10月20日 初 版 発 行
2017年 9 月 1 日 第1版2刷発行

化 学 工 学 会 監 修

定価（本体価格2,800円＋税）

発行所 株 式 会 社 三 恵 社
〒462-0056 愛知県名古屋市北区中丸町2-24-1
TEL 052 (915) 5211
FAX 052 (915) 5019
URL http://www.sankeisha.com

乱丁・落丁の場合はお取替えいたします。 ©*Society for Chemical Engineers, Japan*

ISBN978-4-86487-588-2 C3058 ¥2800E